高等职业教育创新发展行动计划项目成果

食品工程新技术

SHIPIN GONGCHENG XIN JISHU

主　编　徐莉莉

副主编　刘　静　张开屏　刘海英

参　编　三　月　白　梅

江苏大学出版社
JIANGSU UNIVERSITY PRESS
镇　江

图书在版编目(CIP)数据

食品工程新技术 / 徐莉莉主编. — 镇江 : 江苏大学出版社，2020.4(2022.8 重印)

ISBN 978-7-5684-1362-6

Ⅰ. ①食… Ⅱ. ①徐… Ⅲ. ①食品工程－新技术应用 Ⅳ. ①TS2 - 39

中国版本图书馆 CIP 数据核字(2020)第 064119 号

食品工程新技术

Shipin Gongcheng Xin Jishu

主　　编/徐莉莉
责任编辑/徐　婷
出版发行/江苏大学出版社
地　　址/江苏省镇江市京口区学府路 301 号(邮编：212013)
电　　话/0511-84446464(传真)
网　　址/http://press.ujs.edu.cn
排　　版/镇江市江东印刷有限责任公司
印　　刷/江苏扬中印刷有限公司
开　　本/890 mm×1 240 mm　1/32
印　　张/6.625
字　　数/190 千字
版　　次/2020 年 4 月第 1 版
印　　次/2022 年 8 月第 3 次印刷
书　　号/ISBN 978-7-5684-1362-6
定　　价/35.00 元

前　言

新时期,随着高新技术逐步应用到食品加工行业,食品加工呈现出迅猛发展的势头,技术研究和创新也成为食品加工专业人员追求的更高目标。技术化的食品加工产业,一方面,会节约成本,提高效率;另一方面,会提升食品的口感和质量,加快新产品的研发速度。借助高新技术去研制开发出高端食品不仅是全球食品专家的任务和使命,也是未来食品加工行业势不可挡的潮流。

本书对食品加工领域应用的高新技术作了较全面的介绍,技术新颖、通俗易懂,反映了当代食品加工业中有关高新技术的最实用的技术成果,在内容深浅程度及编排方式上,力求体现食品加工领域的高新技术的研究进程及应用,为食品行业从业人员提供借鉴。本书主要介绍当前食品加工的新技术,由于科技的发展飞速,食品加工新技术的更新迭代将会更快,再版时将及时更新。

本书由徐莉莉主编,刘静、刘海英、张开屏为副主编,三月、白梅参编;其中第一章和第八章由徐莉莉编写;第二章由刘静编写;第三章、第四章由刘海英编写;第五章、第六章由张开屏编写;第七章由三月编写;第九章由白梅编写。

在编写过程中,本书参考了许多国内同行的论著及部分网上资料,材料来源未能一一注明,在此,编者对这些文献资料的作者表示诚挚的感谢。由于编者水平有限,书中的疏漏和不妥之处在所难免,敬请广大读者批评指正。

编　者

2020 年 2 月

目　录

第一章　绪论

第一节　我国食品工业发展历史

我国食品工业发展经历了5个建设阶段。

1. 第一阶段:新中国社会主义改造和初级建设阶段(1949—1978年)

1949年,中华人民共和国成立初期,中国食品工业基础非常薄弱,起点低、发展缓慢,技术严重依赖进口,以设备引进为主,技术消化吸收水平低。当时全国的食品消费方式以自给自足为主,主要集中在初级农产品消费上,加工食品消费比例非常低。

1952年,中国食品工业总产值仅为82.8亿元,全国工业总产值349亿元,食品工业总产值占全国工业总产值的23.72%,体现出当时非常明显的农业国特征。

1978年,中国食品工业总产值为473亿元,全国工业总产值为1607亿元,食品工业总产值占全国工业总产值的29.43%。这一阶段,我国开始比较系统且稳定地发展食品工业,但由于原有基础薄弱,增长速度平稳缓慢。

2. 第二阶段:改革开放的启动和目标探索阶段(1978—1991年)

1984年,党的十二届三中全会确定社会主义经济是“公有制基础上的有计划的商品经济”。改革开放后,伴随着中国社会快速工业化、城市化发展的历史进程,中国的现代食品工业加大了技术装备引进和吸引投资,得到迅猛发展。

1991 年，中国食品工业总产值达到 2665.1 亿元。

3. 第三阶段：社会主义市场经济体制框架初步建立阶段（1992—2002 年）

1992 年，邓小平的南方谈话将中国改革开放的大潮推向高潮。

1993 年，党的十四届三中全会确立了社会主义市场经济的改革方向和基本内容。

1997 年，党的十五大确立了“公有制为主体、多种所有制经济共同发展”的基本经济制度，进一步放开了竞争性商品和服务的价格，民营经济迅猛发展。

2000 年，中国食品工业总产值接近 1 万亿元大关，年均增速 19.63%，总量和质量均超过前 38 年的总和。

2002 年，中国食品工业总产值首次跨过万亿元大关，中国食品工业发展成为门类比较齐全的现代产业。

4. 第四阶段：21 世纪社会主义市场经济体制的初步完善阶段（2003—2012 年）

2005 年，中国食品工业总产值超过 2 万亿元。

2010 年，中国食品工业总产值超过 5 万亿元。

5. 第五阶段：新时代全面深化改革的新阶段（2013 年至今）

2013 年，党的十八届三中全会审议通过了《中共中央关于全面深化改革若干重大问题的决定》。中国食品工业总产值突破 10 万亿元。

2015 年，中国食品工业增加值同比增长 6.5%，与当年 GDP 增速基本持平。中国规模以上食品工业企业 39647 家，实现主营业务收入 11.35 万亿元，占全国工业总收入的 10.3%；食品工业总产值与农业总产值的比例达到 1.1∶1。食品工业已经成为国民经济基础性、战略性支柱产业。

2018 年，中国规模以上食品工业企业主营业务收入达 8.09 万亿元，同比增长 5.3%；实现利润总额 5771 亿元，同比增长 10.8%。在这一时期，食品工业增速趋于平缓，结构调整和产业升级成为主题，开启了由数量向质量转变的发展新阶段。

第二节　我国食品工业发展现状

经过70年的发展,我国食品工业取得了巨大的历史性成就,主要表现在以下方面。

1. 食品工业成为国民经济的支柱产业

自1996年至今,食品工业产值始终位居国民经济各行业之首。2018年,中国规模以上食品工业企业主营业收入达8.09万亿元,食品工业产值占全国总产值的比重达到10.60%,产业规模继续在国民经济各门类中位列第一。另外,在2012—2018年间,食品工业约占全国工业资产总额的6.65%,吸纳了8.17%的就业,贡献了主营业务收入和利润总额的9.54%和11.04%,完成了整个工业11.51%的增加值。中华人民共和国成立70年来,食品工业由小到大,不断发展壮大,已成为我国国民经济重要的支柱性产业。

2. 食品工业满足了人口大国的生活需求

新中国成立初期,我国食品工业规模小,产量低。经过70年发展,食品工业生产规模和产量都有了质的飞跃。2018年,精制食用植物油和成品糖年产量为5066万吨和1553.99万吨,分别比1957年增长了45.05和18.07倍;罐头年产量为1027.99吨,比1957年增长了164.8倍;乳制品年产量为2687.1万吨,比1957年增长了2115.8倍;啤酒年产量为3812.24万吨,比1957年增长了762.4倍。另外,我国食品工业已经形成了门类齐全的产品体系。2018年,我国食品工业已涵盖农副食品加工业和食品制造业以及酒、饮料和精制茶制造业3个大类、18个中类和61个小类,食品品种数以万计,有效保障了近14亿人食品消费的多元化、个性化需求。

3. 食品工业推动了农业产业化

新中国成立后的一段时间内,我国食品工业只是农业的简单延伸,农业产什么,食品工业就加工什么。这一状况基本延续到改革开放之初。食品工业产值占农业产值的比重是食品工业纵深发展程度和国民经济整体水平的重要指标。1962 年、1985 年我国食品工业产值占农业产值的比重分别为 29.50% 和 32.30%，而 20 世纪 80 年代中期，美国、日本、德国和英国等发达国家的该比重均已超过 180%。自 1985 年以来，随着我国食品工业的快速发展，食品工业产值占农业产值的比重迅速提升。2017 年该指标跃升至 170%，基本达到了目前发达国家 150% ~200% 的平均水平。总之，食品工业的快速发展积极推动了我国农业产业化。

4. 食品工业自主创新能力与产业集中度显著提升

改革开放前，我国食品工业自主创新能力较弱。改革开放后，在学习、消化国外先进技术的基础上，我国食品工业自主创新能力日益提升。到 2013 年，我国从事食品科技研发的机构超过 350 家，205 所高校设立了食品学科或专业，近 100 家大专院校和科研机构能够培养食品领域的研究生。目前，我国食品工业技术总体上处于国际先进水平，在食品制造装备技术、食品生物工程、包装材料等领域解决了一系列前沿性、关键性技术问题，在若干领域的成果摆脱了对国外技术的依赖，实现了成套装备从长期进口到基本实现自主化并出口的跨越式发展。另外，从 20 世纪 90 年代开始，我国食品工业集中度显著提升。2010 年，乳制品、制糖、饮料行业前十强企业销售收入分别占全行业的 73.5%、64.3% 和 53.9%。2018 年，中粮、青岛啤酒、茅台、五粮液四家食品与饮料行业企业荣登世界品牌实验室公布的 2018 年度“世界品牌 500 强”榜单。

5. 食品工业对外开放实现历史性跨越

我国食品工业对外开放走过了一条从以引进国外技术装备为主向全球市场布局转变的发展之路。在食品出口方面，由新中国成立初期主要出口少量初级加工品发展为向全球 210 多个国家和地区出口门类齐全的食品，中国成为世界食品出口量最大的国家之一。在食品进口方面，由新中国成立初期少量进口小麦、大米、玉米、大豆等，到 2013 年发展为全球第一大食品进口国。2017 年，我国进口食品的来源地范围覆盖全球 170 个国家和地区。2012 年，光明食品集团以 12 亿英镑的价格收购了维他麦食品公司 60%

股份,改写了中国食品工业单纯引进外资的历史。新时代,随着“一带一路”倡议的提出,一批中国食品企业加快了走出去的步伐,开启了在国际市场布局食品工业的新纪元。

第三节 高新技术在食品加工中的应用

现代食品工业为满足人们的营养和消费需求,正向着追求安全、营养、美味、快捷、方便、多样性的方向发展。传统的食品加工技术往往很难适应现代食品加工业发展的需求,不能满足开发新产品的要求。本书主要介绍了膜分离技术、超微粉碎技术、辐照技术、超高压技术、微胶囊技术、无菌包装技术、真空冷冻干燥技术、气调保鲜技术等。依靠科学技术提高生产效率、降低成本、改善食品品质、开发新品种已成为食品工业发展的一个重要方向。

一、膜分离技术

膜分离技术主要为电渗析、微滤、超滤、反渗透、超临界萃取等,是在常温下以膜两侧的压力差或电位差为动力对溶质和溶剂进行分离、浓缩、纯化等的操作过程。膜技术在脱盐、饮用水净化等领域已取得了成功。目前我国研究比较多的是微滤、超滤、反渗透在饮料加工制造方面的应用。在发达国家,膜技术已用于食用色素的精制、调味液精制、脱色处理、牛奶浓缩杀菌及香气成分回收等。

二、超微粉碎技术

根据原料和成品颗粒的大小和粒度,粉碎可分为粗粉碎、细粉碎、微粉碎和超微粉碎 4 种类型。近年来,超微粉碎技术随着现代化工、电子、生物、材料及矿产开发等高新技术的不断发展而兴起,它是一种利用特殊的粉碎设备,通过一定的加工工艺流程,对物料进行碾磨、冲击、剪切等作用,从而将粒径 0.5 ~ 5.0 mm 的物料颗粒粉碎至 10 ~ 25 μm 以下的高科技尖端技术。当物料被加工到 10

μm 以下后，微粉体具有巨大的比表面、空隙率和表面能，从而使物料具有高溶解性、高吸附性、高流动性等多方面的活性和物理化学方面的新特性。因此，超微粉碎技术在食品工业中的应用，必将带来传统工艺、配方的改进，为新产品的开发带来巨大的推动力。

三、辐照技术

食品辐照技术是20世纪发展起来的一种灭菌保鲜技术，它是一种利用原子能射线的辐照能量对新鲜肉类及其制品、水产品及其制品、蛋及蛋制品、粮食、水果、蔬菜、调味料、饲料以及其他加工产品进行杀菌、杀虫、抑制发芽、延迟后熟等处理，能够最大限度地减少食品的损失，使它在一定的期限内不发芽、不腐败变质，不发生食品的品质和风味的变化，由此增加食品的供应量，延长食品保藏期的技术。

四、超高压技术

超高压技术是利用数千个大气压的静水压在常温或较低温度下对食品物料进行加压处理，水和受压介质中的蛋白质、淀粉等物质被压缩，即在高压下形成生物体构造的氨键结合、离子结合及疏水结合等非共有结合发生变性，酶失去活性，细菌被杀死，保持了食品的营养价值，以及食品原有的色泽和风味，节约能源，缩短生成时间，延长产品的保质期。

五、微胶囊技术

由粉末状的原料制成颗粒状成品的加工过程称为造粒。通过造粒可以提高食品在口感、风味、颜色、比重等方面的均一性，其在美观外形的同时，有效改善了因吸湿而引起的食品变性。对于微胶囊造粒技术，它是将固体、液体或气体物质包埋，封存在一个微型胶囊内成为一种固体微粒产品，它能够使被包裹的物料与外界环境隔离，达到最大限度地保持其原有的色香味、性能和生物活性，防止营养物质的破坏和损失，并具有缓释功能。该造粒技术中所用到的微胶囊是指一种具有聚合物壳壁的微型容器和包装物。由于此项技术可以改变物质形态（通常是将原先不易加工贮存的气体、液体转化为稳定的固体形式）、保护敏感成分、隔离活性物质、降低挥发性,使不相溶成分混合并降低某些化学添加剂的毒性等,为食品工业高新技术的开发展现了良好前景。

六、无菌包装技术

无菌包装技术是先对产品、外包装材料进行杀菌处理,然后在无菌的环境内完成食品的包装过程。一般情况下,无菌包装主要针对流体产品,无菌包装的每一个环节都要进行杀菌处理,以保证产品的卫生和安全,一旦有一个环节的杀菌工作没有做好,就会对产品的品质造成不利影响。

七、真空冷冻干燥技术

真空冷冻干燥技术是具有较高技术难度的项目,也在一定时期领跑食品加工技术。其不仅可以最大限度地保留食品的卖相和营养价值,其速溶性和复水性能也比较强,相关成本比较低,深受广大食品加工企业的青睐。

就目前标准来看,国际市场中速冻食品远高于热风干燥食品,甚至达到 4 ~6 倍。速干食品在发达国家民用食品中占据了重要的份额,美国最多,达到 500 万吨以上,其次是日本和法国,分别达到 160 万吨和 150 万吨。另外一些国家对此的使用量也在稳步提升。冻干食品本身具有质量轻、复水快、色香味俱佳等特点,与罐装食品、冷冻食品相较,冻干食品更便于运输和储存,涉及的保管支出相对较少,具有低成本的优势,越来越受到食品加工企业和人民群众的欢迎;但是其技术难度较大,前期需要投入大量资金,以及专家和学者去研究和学习。

八、气调保鲜技术

气调保鲜技术是一项仅通过对物理因素进行调节而实现食品

保鲜的新技术。20 世纪 70 年代在法国首次获得商业应用，目前已广泛应用于果蔬、生熟肉、水产品、干制食品、休闲食品及调理食品的加工及保鲜。英国等欧洲国家在此领域的应用及推广走在世界前列。气调保鲜是在低温贮藏的基础上，通过人为改变环境气体成分来达到对肉、果蔬等贮藏物保鲜贮藏目的的一项技术。具体来说，气调实际上就是在保持适宜低温的同时，降低环境气体中氧的含量，适当改变二氧化碳和氮气的组成比例。

第四节　食品加工高新技术发展趋势

我国作为全球最大的食品生产与消费市场，食品工业的发展必须依靠科学技术的不断进步，从而持续提高食品品质、风味和营养成分含量等重要指标。与传统的食品加工业相比，现代食品加工技术不仅能够更好地保存各类食材原本的口感和风味特征，而且能够通过新技术尽量减少保鲜剂、防腐剂及其他加工材料的添加量，使得食品更贴近自然，满足国民对于追求健康生活的向往。同时，新技术还能处理传统工艺无法处理的部分高营养价值的食材，并能将其所蕴含的有效营养物质更多地保存下来，并通过技术加工使其能够被人体更好地吸收和利用。高新技术必将在食品加工领域取得更加辉煌的成就，并最终成为促进食品加工产业不断前行的主要源动力。

第二章　新型分离技术

第一节　新型分离技术概述

随着科学技术的发展,食品工业对分离技术的要求越来越高,新型分离技术不断向食品加工领域渗透,并在其中得到应用和提高。新型分离技术主要包括膜分离技术、超临界流体萃取技术、微波萃取技术及泡沫吸附分离技术等。

一、膜分离技术

工业规模上分离技术的出现已有近 200 年的历史,经典的分离技术(如蒸馏、沉淀、结晶、萃取吸附及离子交换)相继出现,具有工业应用价值的分离技术目前多达数十种,但是为了获得更好的选择性和更高的分离效率,新的分离技术依然在不断开发。膜和膜技术的发展是多个学科领域交叉发展的结果。

膜技术的发展同扩散、渗透等现象的发现与研究是分不开的。随着对扩散、渗透及传质现象研究的不断深入,膜技术也不断得以发展和完善。20 世纪 50 年代末 60 年代初,膜制备技术取得了突破性发展,膜分离技术也随之出现了飞跃性的发展,膜和膜分离过程获得了具有应用意义的工业开发。

膜分离技术过程最初是作为分析手段引入化学与生物医学实验室操作的,但是由于其实用价值很快就发展成具有明显效益的工业过程,并获得迅速发展。目前膜及其分离技术已被大规模地应用于各种工业领域,包括从苦咸水和海水中制备饮用水与生活用水;各种工业废水处理;废水中有价值组分的回收;饮料工业与医药工业中的浓缩单元操作;生物化学中大分子的纯化和分离;医学上利用人工肾除去尿及其他有毒成分;等等。以膜为基础的其他新型分离过程,以及膜与其他分离过程的集成也日益得到重视和发展。

二、超临界流体萃取技术

超临界流体萃取技术是近些年来发展迅速、应用很广的一种新型提取分离技术。该技术利用其流体高密度、低黏度的双重特性,能够从天然物质中有选择性地提取出有效成分,有效地改善和提高产品的质量。目前,随着“绿色食品”和“天然产物”的流行,传统的提取分离技术已经不能满足人们对高纯优质产品的要求。超临界流体萃取技术的出现可以解决传统提取技术中的诸多问题,如使用有毒的有机溶剂、高能源的使用及低萃取率等。而且由于食品中大多数的营养成分如维生素、蛋白质等遇热极易发生分解、聚合、氧化等变质反应,因此在使用传统提取技术的过程中会造成有效成分的破坏和环境的污染。目前超临界流体萃取技术已广泛应用于食品、药品、生物等各个方面,在食品工业方面,国内外已有数百起通过超临界流体萃取技术进行有害成分去除(加工无咖啡因的咖啡)、有效成分提取(萃取植物精油)等的例子,效果明显且已投入工业化生产。超临界流体萃取技术为食品工业开辟了广泛的应用前景。

目前,国内外都在积极研究该技术。但该技术也存在一定的局限性,由于昂贵的机械设备,导致难以实现大规模的工业化生产。因此,在今后的发展中要着重研究超临界流体萃取装置的优化、探讨超临界流体萃取技术工艺的优化,摸索出不同的溶剂如乙烷、甲醚、气体膨胀液体、离子液体、超临界流体的使用方法和实际效果。同时使该过程可以更加精密简便地进行。

第二节　新型分离技术

一、膜分离

膜分离是在20世纪初出现、20世纪60年代后迅速崛起的一门分离新技术。膜分离技术由于兼有分离、浓缩、纯化和精制的功能，又有高效、节能、环保、分子级过滤及过滤过程简单、易于控制等特征，因此，目前已广泛应用于食品、医药、生物、环保、化工、冶金、能源、石油、水处理、电子等领域。膜分离技术的核心是膜，即膜的选择性能是分离的关键。膜分离技术所包含的方法有多种，较常用的有超滤，简称 UF 法；反渗透，简称 RO 法；电渗析，简称 ED 法；微孔过滤，简称 MF 法。

（一）膜分离概述

1. 膜分离基本概念

膜分离是一种使用半透膜的分离方法，用天然或人工合成的高分子薄膜，以外界能量或化学位差为推动力，对双组分或多组分的溶质和溶剂进行分离、分级、提纯和浓缩。如果通过半透膜的只是溶剂，则溶液获得了浓缩，此过程称为膜浓缩。如果过程中通过半透膜的不仅是溶剂，而且有选择地让某些溶质组分通过，使溶液中不同溶质得到分离，此过程称为膜分离。

如果用膜把一个容器隔成两部分，膜的一侧是水溶液，另一侧是纯水，或者膜的两侧是浓度不同的溶液，则通常把小分子溶质透过膜向纯水侧或稀溶液侧移动、水分透过膜向溶液侧或浓溶液侧移动的分离被称为渗析（或透析）。如果仅溶液中的水分（溶剂）透过膜向纯水侧或浓溶液侧移动，溶质不透过膜移动，这种分离称为渗透。

2. 膜分离的分类

根据分离过程中推动力的不同，膜分离技术可分为两类：一类是以压力为推动力的膜分离，如超滤、微滤和反渗透；另一类是以电力为推动力的分离过程，所用的是一种特殊的半透膜，称为离子交换膜，这种分离技术叫作离子交换，如电渗析。几种常见的膜分离方法及其适用范围如图 2-1 所示。

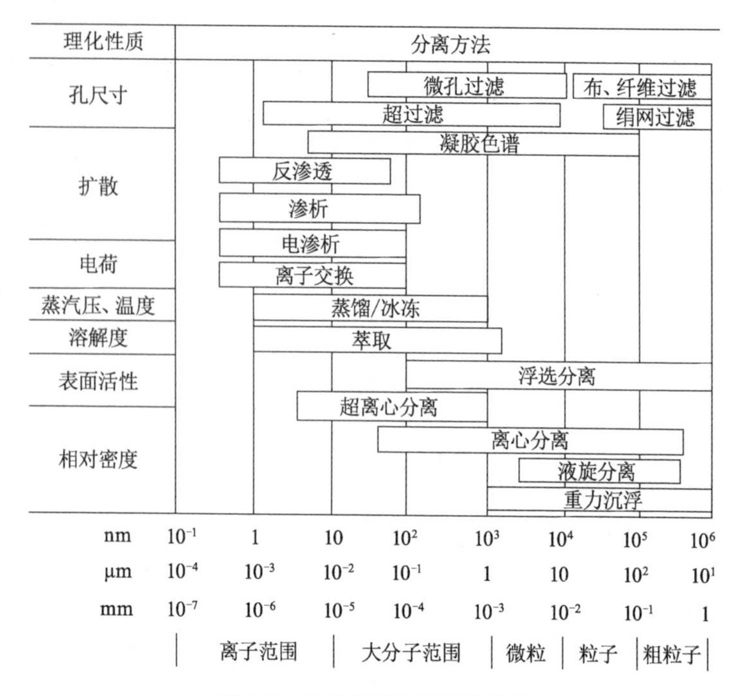

图 2-1　各种分离法及适用范围

3. 膜的性能

(1) 膜的抗氧化和抗水解性能

膜的抗氧化和抗水解性能,既取决于膜材料的化学结构,又取决于被分离溶液的性质。氧化、水解的最终结果,使膜的色泽变深、发硬变脆,其化学结构与外观形态也遭到破坏。

由于高分子材料因氧化而产生的主链断裂,首先发生在低能的键上,因此,希望高分子材料中各个共价键有足够的强度,即希望有高的键能。高分子材料的主链中,应尽量避免键能较低的 O—O 和 N—N 键。

膜的水解和氧化作用是同时发生的,水解作用与高分子材料的化学结构密切相关。当高分子链中具有易水解的化学基团—CONH—、—COOR—、—CN、—CH_2、—O—等时,这些基团在酸和碱的作用下,会产生水解降解反应,使膜的性能受到破坏。

（2）膜的耐热性和机械强度

膜的耐热性取决于高分子材料的化学结构。由于水在膜中的渗透使高分子之间的作用力部分地受到削弱，结果使膜的耐热性低于纯高分子材料的耐热性。为了提高膜的耐热性，可以改变高分子的链节结构和聚集态结构，提高分子链的刚性，如在高分子链中尽量减少单键，引进共轭双键、叁键或环状结构，或者使主链成为双链形的“梯形”结构。

膜的机械强度是高分子材料力学性质的体现。膜属于黏弹性体，在外力作用下，膜发生压缩或剪切蠕变，并表现为膜的压密现象，导致膜透过速度的下降。外力消失后，若再给膜施加相同外力，膜的透过速度也只能暂时有所回升，随后很快又出现下降。这表明膜的蠕变使膜产生了几乎不可逆的变形。

4. 分离用膜

膜是具有选择性分离功能的材料。目前，广泛被用于工业分离的膜，主要是由高分子材料制成的聚合物膜。用于制膜的高分子材料很多，如各种纤维素酯、脂肪族和芳香族聚酰胺、聚砜、聚丙烯腈、聚四氟乙烯、聚偏氟乙烯、硅胶等。其中最重要的是纤维素酯系膜，其次是聚砜膜、聚酰胺膜。

尽管膜的种类很多，但因为影响膜分离的因素很多，所以真正能够用于膜分离过程的膜却很少。常用的分离膜有以下几种：

（1）纤维素膜

醋酸纤维素又称为纤维素醋酸酯或乙酰纤维素，是纤维素分子中的羟基被醋酸酯化产物，简称 CA。醋酸纤维素膜是使用较早的反渗透膜，目前广泛应用于微滤、超滤和反渗透分离技术中，具有较强的亲水性能和分离透过性；但具有化学稳定性差，pH 值适用范围窄，在高压下易被压实，不耐高温，易受微生物侵蚀以及对某些有机和无机物质分离率低等缺点。经改进后可制成高取代度和低取代度的混合膜，包括二醋酸纤维和三醋酸纤维的混合膜、醋酸丁酸纤维膜（CAB）、醋酸丙酸纤维膜（CAP）和醋酸甲基丙烯酸纤维膜（CAM）等。在该类膜中应用较多的是三醋酸纤维素膜，它具有良好的溶质分离率、抗压实性、耐微生物侵蚀性和耐氯性。

（2）聚砜膜

聚砜类高分子化合物的一般结构为 $R—SO_2—R'$，芳香族聚砜相对分子质量较高，适合制作超滤膜或微滤膜。有代表性的芳香族聚砜主要有聚砜、聚芳砜、聚醚砜和聚苯砜等。聚砜膜具有广泛的 pH 值适用范围（1～13），最高允许温度为 120 ℃，同时具有良好的抗氧化、抗氯性能。用热处理或胶体处理可以提高聚砜膜的分离率，在聚砜中引入亲水性离子基团（如磺酸基），可既使膜的透水性提高，又保持聚砜膜的高分离率。但磺化聚砜膜不适用于处理电解质溶液，否则会导致膜性能的恶化。

（3）聚酰亚胺膜

聚酰亚胺是指含有酰亚胺基团（—CO—N—CO—）的聚合物，它是一种耐热性、耐化学稳定性极佳的高分子材料。在反渗透中广泛采用的是芳香族聚酰亚胺膜，它具有良好的透水性能和较低的溶质透过性能，机械强度高，耐高温性和耐压实性好，能在 pH 为 3～11 的范围内应用，但对氯很敏感。

（二）膜分离的基本方法及原理

1. 反渗透

（1）反渗透的基本原理

将纯水和盐水用一个只能透过溶剂而完全不透溶质的理想半透膜隔开，会产生一边的水分子通过膜向一边的盐水扩散的现象，这种现象称为渗透。渗透至溶液侧的压力高到足以使水分子不再流动为止。平衡时的压力即为溶液的渗透压。

当两侧溶液的静压差等于两溶液之间的渗透压时，系统处于动态平衡状态。当在溶液侧加压，使膜两侧的静压强大于两个溶液之间的渗透压时，溶液中的水将透过半透膜流向纯水侧，此即反渗透过程（图 2-2）。

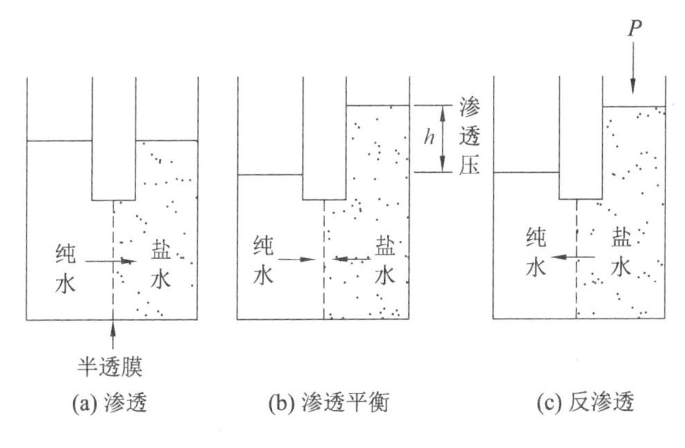

图 2-2　渗透和反渗透示意图

因此，反渗透过程的推动力为膜两侧的压力差减去两侧溶液的渗透压。反渗透必须具备两个条件：① 有高选择性和高透过率的选择型膜；② 操作压强必须大于溶液的渗透压。

（2）反渗透的特点

反渗透能够截留绝大部分与溶剂分子大小在同一数量级的溶质，从而获得相当纯净的溶剂（如水）。

2. 微滤和超滤

（1）微滤

微滤又称微孔过滤，是介于普通过滤和超滤之间的一种操作。

微滤的分离机理主要是筛滤效应。因膜的结构不同，截留作用可分为机械截留、吸附截留和架桥作用等。

（2）超滤

超滤是应用孔径为 $10^{-2} \sim 10^{-3}$ μm 的超滤膜来过滤含有大分子或微粒的溶液，使大分子或微粒从溶液中分离出来的过程。超滤的推动力是压力差，在溶液侧加压，一定大小的溶质分子将随溶剂一起透过超滤膜。

超滤对大分子的截留机理主要是筛分作用。决定截留效果的主要是膜表面活性层上孔的大小与形状。除了筛分作用外，膜表面、微孔内的吸附和粒子在膜孔中的滞留也使大分子被截留。有些情况下，膜表面的物化性质对分离也有重要影响。由于超滤处理的是大分子溶液，溶液的渗透压对过程也有一定的影响。

（3）微滤、超滤和反渗透的比较

微滤和超滤为用孔径很小的膜作为介质进行过滤的过程。微滤、超滤和反渗透都是以压差为推动力的液相分离操作，但是它们的分离范围各不相同。

微滤是与常规过滤十分相似的膜过滤过程。微滤膜的孔径（直径）范围为0.05～10 μm，主要适用于对溶液中微细粒子，如细菌等的截留。微滤广泛被用于将粒径大于0.1 μm的粒子从流体中除去的场合。

超滤是介于微滤和纳滤之间的一种膜过程，超滤膜的孔径范围为0.05 μm（接近微滤）至几nm（接近纳滤）。超滤和微滤都是基于筛分原理的膜过程。二者主要的差别在于超滤膜的非对称结构致密，流动阻力大。超滤主要用于0.1 μm以下微粒与大分子的截留。

在微滤和超滤中，作为推动力的压强差比常规过滤大。微滤常用的压强差为0.1～0.3 MPa，超滤常用的压强差为0.1～0.5 MPa，最大可达1 MPa。一般认为，微滤和超滤间的分离界限大致在0.1 μm，但实际上两者分离的粒径范围往往是有所重叠的，并无严格的界限。

微滤和超滤多数情况下用于液体分离，也可用于气体分离，如空气中细菌的去除。微滤可以处理含细小粒子的溶液，截留更小的粒子，直至0.1 μm的数量级，如烟灰、细菌、漆颜料、酵母细胞、淀粉、血红细胞、花粉等。超滤可截留的是大分子。

反渗透是将低分子量溶质，如无机盐或葡萄糖、蔗糖等小分子有机物在溶剂中予以截留的膜过程。利用不同截留分子量的纳滤膜可以分离不同分子量的物质。反渗透与微滤和超滤的差别在于所用膜孔的大小和所用压差的高低。反渗透使用致密膜，且要使用大于渗透压的较高压差，反渗透使用的压差为2～10 MPa；比超滤过程所需压差要高得多。

3. 电渗析

电渗析和超滤、反渗透一样,都是利用半透膜使溶液中溶质和溶剂获得分离的单元操作。但它们之间也有区别,电渗析是在外电场的作用下,利用一种特殊的膜(离子交换膜),针对离子具有不同的选择透过性而使溶液中的阳、阴离子和溶剂分离。

(1) 基本原理

电渗析用于处理电解质溶液,它是在直流电场作用下,以电位差为推动力,溶液中的离子选择性地通过离子交换膜的过程。目前电渗析主要用于溶液中电解质的分离。本节主要应用盐水中 NaCl 的脱除来说明电渗析的原理。

图 2-3 是除去水中 NaCl 的电渗析过程示意图。在正负两极间是交替排列的阳离子交换膜(简称阳膜)和阴离子交换膜(简称阴膜),称为膜堆,并依次构成浓缩室与淡化室。

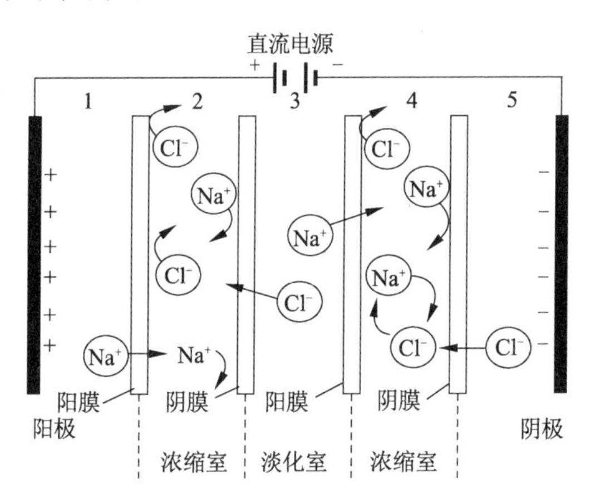

图 2-3 电渗析过程示意图

阳膜由带负电荷的酸性活性基团(如磺酸基)的阳离子交换树脂构成,它能选择性地使阳离子透过,而阴离子则不能透过。阴膜由带正电荷的碱性活性基团(如胺基)的阴离子交换树脂构成,它能选择性地使阴离子透过,而阳离子则不能透过。

以 NaCl 为例。用泵将 NaCl 水溶液送至总管分配到每一个并联的隔室中,在直流电场作用下,溶液中的阳离子(Na^+)向阴极迁移,而溶液中的阴离子(Cl^-)向阳极迁移。如隔室 3 中,阳离子(Na^+)通过阳膜,阴离子(Cl^-)通过阴膜。这样隔室 3 中的 Na^+ 和 Cl^- 分别进入相邻的隔室而使隔室 3 中的 NaCl 浓度逐渐降低,成为淡化室;而隔室 2、4 中 Na^+ 和 Cl^- 分别被阴膜和阳膜阻挡而不能透过,使隔室 2、4 中 NaCl 浓度逐渐升高,成为浓缩室。将淡化室和浓缩室中溶液分别汇总就可得到稀产品水和浓缩盐水。

综上所述,在电渗析过程中,起分离作用的过程是与离子交换膜所带电荷相反的离子穿过膜的迁移过程(称为反离子迁移)。

(2) 传递过程

① 反离子迁移:反离子是指与膜的固定活性基团电性相反的离子。在直流电场作用下,反离子透过膜进行迁移,这是电渗析的主要过程,也是电渗析唯一需要的基本过程,只有通过反离子的迁移才能达到除盐的目的。但是,在电渗析中还伴随存在其他的一些次要传递过程(图 2-4)。

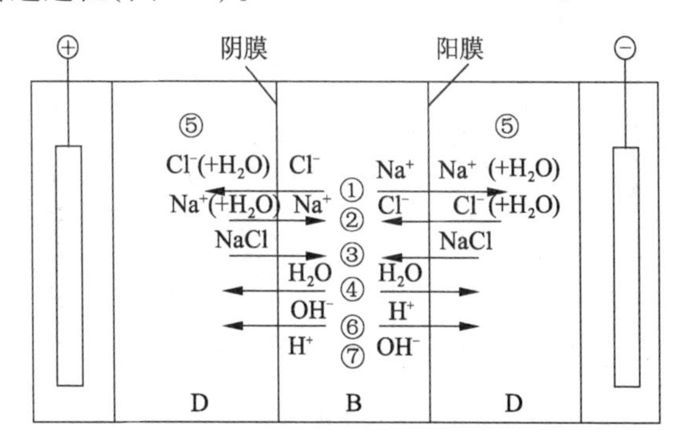

D—浓缩室;B—淡化室

①—反离子迁移;②—同名离子迁移;③—电解质的浓差扩散;④—水的渗透;⑤—水的电渗透;⑥—水的电解;⑦—压差渗漏

图 2-4 电渗析工作时发生的各种过程

② 同名离子迁移:同名离子是指与膜的固定活性基团所带电荷相同的离子。由于离子交换膜对离子的选择透过性率不可能达到 100%,在电渗析过程中总会存在少量与离子交换膜的固定基团

所带电荷相同的离子穿过膜的现象,这种离子的迁移称为同名离子迁移,其结果是使电渗析过程的效率下降。膜两侧浓度差愈高,膜的选择透过性愈差,愈易发生同名离子迁移。

③ 电解质的浓差扩散:由于浓度差电解质自浓缩室向两侧淡化室扩散。

④ 水的渗透:在渗透液的作用下,溶剂(水)从淡化室向浓缩室渗透。

⑤ 水的电渗透:由于离子的水合作用,在反离子迁移和同名离子迁移的同时都会携带一定数量的水分子一起迁移。

⑥ 水的电解:当发生浓差极化时,水电解产生的 H^+ 和 OH^- 也可通过膜。

⑦ 压差渗漏:因膜两侧淡水室和浓水室的静压强不同而产生的机械渗漏称为压差渗漏。

二、超临界流体萃取技术

(一) 萃取

使溶剂与物料充分接触,将物料中的组分溶出并与物料分离的过程称为萃取。萃取过程属于两相之间的传质过程。广义的萃取包括液—液萃取、固—液萃取和气—液萃取。但通常所说的萃取仅指液—液萃取,一般将固—液萃取称为“浸出”、气—液萃取称为“吸收”。

液—液萃取是利用物料中的各组分在溶剂(萃取剂)中溶解度的差异而进行分离的单元操作。在萃取操作中,所选用的溶剂称为萃取剂,以 S 表示;混合液中欲分离的组分称为溶质,以 A 表示;混合液中的原溶剂称为稀释剂,以 B 表示。根据混合液中各组分在溶剂 S 中的溶解度不同,使目标组分 A 溶解于 S 中,而剩余组分完全不互溶或部分互溶,从而达到与其他组分的完全分离或部分分离。在食品工业中,萃取操作主要用于提取或分离浓度很小、难挥发的物质。萃取可以在低温下进行,特别适合于热敏性物质的提取。例如,维生素、生物碱、色素等的提取以及油脂的净化和脱色等。

萃取剂必备条件:① 萃取剂 S 与原料液互不相溶,或只能在某些情况下部分互溶;② 料液中的溶质组分在原溶剂 B 和萃取剂 S 中有不同的溶解度,且其溶解度差异愈大愈好。

将一定量萃取剂加入原料液中,加以搅拌使原料液与萃取剂充分混合,溶质通过相界面由原料液向萃取剂中扩散(图 2-5)。搅拌停止后,两液相因密度不同而分层。一层以溶剂 S 为主,溶有较多的溶质,成为萃取相,以 E 表示;另一层以原溶剂 B 为主,含有未被萃取完的溶质,称为萃余相,以 R 表示。若溶剂 S 和 B 部分互溶,则萃取相中还含有少量的 B,萃余相中也含有少量的 S。所以,萃取操作没有得到纯净的组分,而是新的三元混合液:萃取相 E 和萃余相 R。为了得到产品 A,并回收溶剂以供循环使用,需对这两相分别进行分离。通常采用蒸馏或蒸发等方法,脱除萃取相和萃余相中的萃取剂 S,此过程称为溶剂回收(或再生),得到的两相分别称为萃取液 E′和萃余液 R′。

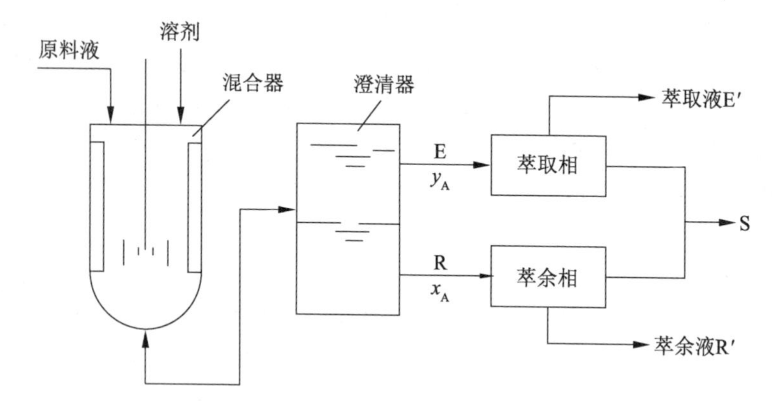

图 2-5　萃取操作示意图

生产上萃取与精馏这两种分离混合液的方法密切联系、互相补充,配合使用。有些混合液的分离既可采用精馏,也可采用萃取,由技术上的可行性和经济上的合理性来确定使用何种方法。与蒸馏比较,萃取流程比较复杂,且萃取相中萃取剂的回收往往还要应用精馏操作,但萃取过程是在常温下进行的,具有无相变以及选择合适的溶剂可获得较好的分离效果等优点。一般在下列情况下采用萃取方法较有利：

① 原料液中各组分的沸点非常接近，即各组分的相对挥发度接近于1，或形成恒沸物，用普通蒸馏方法不能达到所需纯度；

② 需分离组分含量低且为难挥发组分，采用蒸馏方法需汽化大量稀释剂，能耗较大；

③ 需分离组分是热敏性物质，受热易分解、聚合或发生其他变化。

（二）超临界流体萃取技术

超临界流体萃取是利用某些溶剂在临界值以上所具有的特性来提取混合物中可溶组分的一门新的分离技术。它具有溶剂萃取法和蒸馏法的特点，具有显著提高回收率和纯度，改进产品质量、降低能耗、对人体无害、稳定安全等优点。自20世纪80年代以来，超临界流体萃取技术在食品、医药和化工领域得到广泛应用，尤其在食品工业中的应用和发展更为迅速。

1. 超临界流体萃取的原理

当气体的温度高于某一数值时，任何压缩均不能使其变为液体，此时气体的温度称为超临界温度（t_c）。同样，气体也有一个临界压力（p_c），它是在临界温度下，气体能被液化的最低压力。超临界状态指物质处于温度高于临界温度，压力大于临界压力的状态。处于超临界状态的流体称为超临界流体。超临界流体的黏度接近于气体，密度接近于液体，扩散系数介于气体和液体之间，兼有气体和液体的优点。它既像气体一样容易扩散，又像液体一样具有很强的溶解能力，因而具有高扩散性和高溶解性。使用超临界流体作为溶剂的萃取方法，称为超临界流体萃取，即利用超临界流体在临界点附近体系温度和压力的微小变化，使物质溶解度发生几个数量级的突变，从而实现对其某些组分的提取和分离。通过改变压力或温度来改变超临界流体的性质，达到选择性地提取各种类型化合物的目的。

2. 超临界流体的性质

不同物质的临界点不同,可作为超临界流体萃取的溶剂有二氧化碳、乙醇、乙烷、乙烯和水等。在工业生产中,作为溶剂的超临界流体应具有以下条件:① 化学性质稳定;② 临界温度不是很高,一般接近或超过室温(若温度高,萃取物耐热性差时会发生分解和变质等);③ 临界压力低(可降低压缩所需的空压机的操作费用);④ 价格低廉,容易获得;⑤ 选择性好。

用于食品工业时,要求对人体无毒且符合食品卫生规定。目前广泛选用 CO_2 作为超临界萃取溶剂,其特点如下:① CO_2 的临界温度为 31.1 ℃,与常温接近。对于耐热性差的天然物品和食品香味不会发生变质或分解,还能有效地萃取易挥发物质;② 临界压力为 7386.3 kPa,易达到;③ 无毒,对食品无任何危险性;④ 有防氧化和抑菌作用;⑤ 惰性气体,无着火性和化学反应性,较安全;⑥ 超临界萃取的 CO_2 具有高扩散性、低黏度性,使其具有传质快和萃取速度高等优点,可在高黏度物质中高效萃取;⑦ CO_2 资源充足,价格低廉,并能从萃取物中挥发掉,不会留下溶解性残余物,从而得到安全而纯净的萃取物。

3. 超临界流体萃取的特点

与通常的液体萃取相比,在萃取速度和分离范围方面,超临界流体萃取更为理想。溶剂萃取法是利用各种溶质在溶剂中溶解度的差异而实现组分的分离,回收溶剂因易挥发的芳香成分易损失而影响产率,回收溶剂的费用高又影响经济效益,而且溶剂残留污染问题不可避免。超临界流体萃取通过温度和压力的调节来控制溶质的蒸汽压和溶解度而实现组分分离,因此能从天然物质中有选择地分离出用其他方法难以提取的有效成分或脱出有害成分。超临界流体萃取技术无污染、产率高,适于分离、精制热敏性物质和易氧化物质,但对设备要求高,投资大。

4. 超临界流体萃取的工艺流程

超临界流体萃取的主要设备是萃取器和分离器。物料和经过压缩机(或高压泵)加压后的超临界流体进入萃取器混合后,高密度的超临界流体有选择地萃取物料中需要分离的成分。萃取后含有萃取物的超临界流体经过减压膨胀,降低溶剂密度后,在分离器内进行萃取物和溶剂的分离。分离出的溶剂再经降温和压缩后,送回萃取器中循环使用。

超临界流体萃取的工艺流程由以下几部分组成:

① CO_2气源及其预处理系统:为系统补充 CO_2,并对其净化和加热、加压。

② 超临界 CO_2萃取系统:在萃取槽中制备超临界 CO_2溶液。

③ 产品分离系统:气态 CO_2与产品分离。

④ CO_2回收及循环压缩系统:回收 CO_2,并净化、加压、冷却,以循环利用。

原理流程如图 2-6 所示。

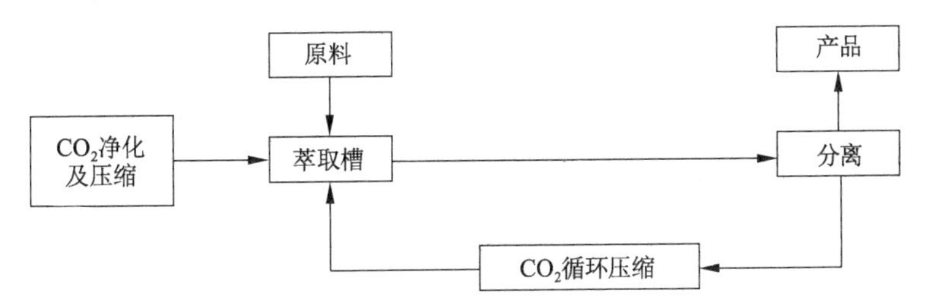

图 2-6　超临界流体萃取的工艺流程示意图

第三节　新型分离技术在食品工业中的应用

一、膜技术在食品工业中的应用

(一) 在乳制品工业中的应用

膜技术应用在乳制品加工中,主要用于浓缩鲜乳、分离乳清蛋白和浓缩乳糖、分离提取鲜乳中的活性因子和牛乳杀菌等方面。超滤和微滤在乳品工业中的应用如图 2-7 所示。微滤、超滤和反渗透的配合应用如图 2-8 所示。

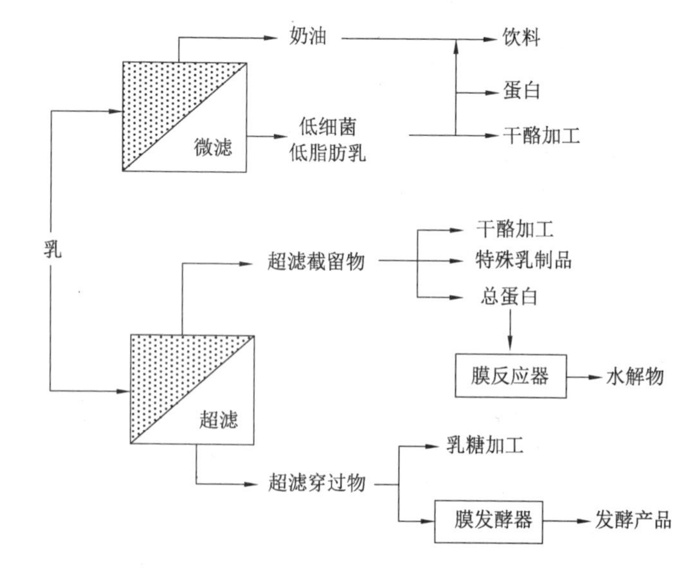

图 2-7　超滤和微滤在乳品工业中的应用

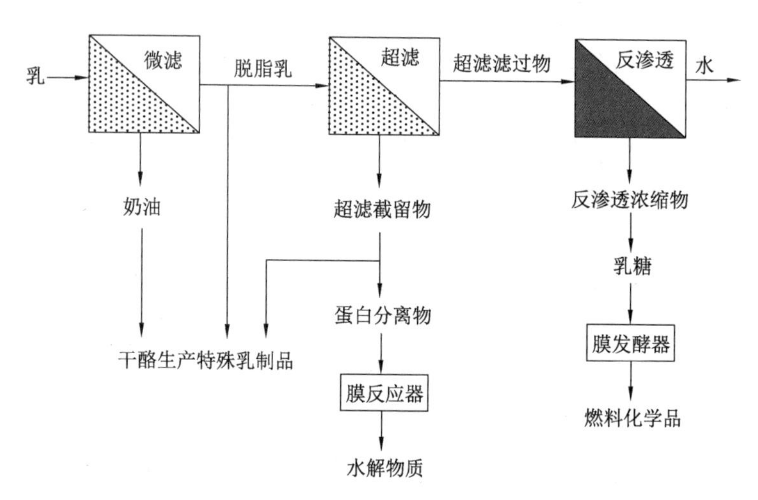

图 2-8　微滤、超滤和反渗透的配合应用中的应用

1. 在乳品杀菌中的应用

随着陶瓷膜制造技术的突破，微滤除菌技术在牛乳除菌上的应用成为可能。由于其分离过程不经过剧烈受热、无相变，可以有

效防止热敏性物质失活，尤其适用于食品工业。采用微孔径陶瓷膜过滤除菌技术，能够保留原奶中99%的活性免疫球蛋白、95%的乳铁蛋白以及多种天然的维生素、微量元素和矿物质元素等。因此，许多国家将巴氏杀菌和微滤除菌技术相结合，巴氏杀菌牛奶已实现了工业化生产，其除菌率可达99.8%～99.9%。通过微滤的方式可以除去菌体和体细胞，也避免了加热杀菌方式在杀菌后死菌体释放出耐热酶而影响乳品品质的缺点。微孔径陶瓷膜过滤除菌技术属于冷杀菌技术的一种，因此，可以很好地保留牛奶的纯正口味和营养。

2. 干酪中生产中的应用

生产干酪必须对原料乳进行必要的预处理。对原料乳进行超滤浓缩处理可以提高不同种类干酪（如Cheddar、Domiati、Edam和半硬质干酪等）的产量，改善干酪的质构和风味。

超滤浓缩技术可以提高原料乳标准化过程的连续性和自动化程度，解决由传统热浓缩造成的原料乳中乳糖含量过高和活性组分热损失大等问题。超滤浓缩牛奶的工艺流程短、设备简单、操作方便，且膜面定期清洗不易堵塞，可以反复使用；而且超滤浓缩牛乳的工艺能耗低，可大大降低成本。全脂牛乳浓缩后固形物含量达到30%左右，脱脂牛乳经浓缩后固形物含量达18%左右。在标准化过程中，把超滤浓缩后的牛乳作为添加物，通过电脑系统的在线监测和控制实现在线原料乳标准化。传统方法，如蒸发浓缩法容易破坏乳中活性成分，蒸发浓缩后乳糖的含量升高（乳糖占固形物总量超过50%）。这样在标准化过程中，脂肪、蛋白质达标的情况下，乳糖就会超标。过多的乳糖发酵成乳酸，造成干酪口感过酸，即使控制了乳糖发酵量，过多的残留乳糖也会造成干酪在长时间保存和烤制过程中容易变黑，影响外观和口感。而超滤浓缩技术，使牛乳中的乳糖滤出，只浓缩了蛋白质和脂肪，在标准化过程中避免了乳糖过高的现象，一些对原料乳组分有特殊要求的干酪制作中，采用“二次超滤”技术（在超滤后的牛乳中加入水，再次超滤，按需调节乳中脂肪、蛋白质和乳糖的比例）标准化牛乳组分。

3. 在乳品的脱盐中的应用

食品的脱盐和纯化采用电渗析技术具有明显的经济效益。可应用的方面:牛乳及乳清脱盐、氨基酸脱盐、酱油脱盐、纯水无离子水制取、蛋白质精制、糖类脱盐、柠檬酸纯化、海藻提碘等。母乳中所含无机盐比例为0.20% ~0.25%,但是牛乳中的含无机盐比例为0.60%,新生婴儿的肾脏由于发育尚不健全,不适合未经脱盐的牛奶和奶粉,所以在婴儿配方奶粉方面有一定的含盐量要求。采用电渗析法可除去牛乳中的Na^+、K^+、Ca^{2+}、Mg^{2+}、柠檬酸根和磷酸根等成分,尤其是对于单价的盐离子去除效果较好。电渗析处理后可使乳制品中的无机盐的含量明显降低。用于牛乳脱盐的电渗析器应易于清洗和消毒。由于牛乳容易变质,故采用分批循环方式处理,以便在短时间内完成脱盐过程。

通常奶酪乳清中含有5.5% ~6.5%的水溶性固体成分,其主要组分为乳糖、蛋白质、矿物质、脂肪及乳酸,因此乳清可以是极好的蛋白质、乳糖、维生素与矿物质来源。但是由于其较高的矿物质含量,不适合肾功能不健全或有问题的人群食用,如老年人、病人及婴儿等。用电渗析技术可以有效地去除乳清中的部分矿物质。当离子性的矿物质被去除后,乳清就可以成为这些人群极好的食品。

4. 乳清综合利用技术

从牛乳中分离出的大量乳清副产物,具有很高的生物学价值和良好的功能特性。通过膜技术,尤其是反渗透技术、超滤、微滤、离子交换等方法可以有效地分离回收乳清中的各组分。

在干酪制作前,通过选择合适的孔径,直接通过微滤脱脂可以得到不含凝乳酶而富含活性蛋白的乳清。回收的浓缩乳清固形物中蛋白含量高达89%,其中90%的蛋白富含β-乳球蛋白、乳清蛋白、乳铁蛋白、糖多肽等。

(二)在饮料工业中的应用

以普通蒸发法浓缩的果汁,在蒸发过程中,原果汁所含水溶性芳香物质及维生素等几乎全部被破坏、损失。而采用反渗透设备在 10 MPa 的操作压力下处理柑橘和苹果等，则得到固形物损失率小于 1% 的浓缩果汁，其芳香物及维生素等得到很好的保存。超滤主要用于果汁的澄清，如靠压榨生产的苹果汁，含有 12% 的固体包括糖、苹果酸、淀粉、果胶和酚类化合物。超滤后果汁的获得率可达到 96% ~98%，且超滤加工时间很短，操作简单，节省人力和储罐设备，同时通过超滤也除去了果汁中的细菌、霉菌、酵母和果胶等。其工艺流程如下：

苹果汁→巴氏杀菌(55 ℃)→酶处理(55 ℃)→超滤→澄清果汁
└→果渣泥

(三) 水的纯化及饮用水的生产

由于电渗析脱盐的能耗(耗电量)与脱盐量成正比，所以含盐量太高和含盐量过低(电阻大)的水不宜采用电渗析法处理。电渗析多用于海水、苦咸水和普通自然水的纯化，用以制造饮用水、初级纯水等。但是如果制取高纯水，则需要与其他方法联合使用。高纯水的制取常采用电渗析与离子交换联合使用的方法。原水先经电渗析器脱除大部分盐，再用离子交换柱除去残留的低浓度离子，可大大增加树脂柱的运行时间，减少再生次数，达到最佳技术效果。一般来说，将水的含盐量从 3000 mg/L 左右经脱盐处理降至100 ~500 mg/L 的饮用水标准，以电渗析法较为合适。其优点为建设和运转费用低，水的回收率高，便于自动操作。当盐浓度高于 5000 mg/L 时，用反渗透，则更加经济。

(四) 氨基酸的分离与精制

目前氨基酸的生产方法有以下几种：

① 天然蛋白质的水解，水解产物中有多种氨基酸同时存在。

② 化学合成法。产物中即使是同一氨基酸也会有不同的构型，需拆分以得到 L 型的氨基酸。

③ 发酵法生产。培养液中含有很多金属离子、无机物及其他杂质。

利用电渗析法，可以解决上述问题。当某种氨基酸处于等电点 pI 时，其在溶液中不带电性，溶解度最小。在电渗析过程中，电中性的氨基酸会留在中性室(淡水室)中,而其他非中性氨基酸、金属离子和无机离子等则会根据其本身的电性,被阳离子交换膜或阴离子交换膜分离而被浓缩,这样可将电中性的氨基酸分离、精制。因此,根据某种氨基酸的 pI,通过适当调整溶液的 pH 值,就能够达到将不同氨基酸分离的效果。

二、超临界流体萃取在食品工业中的应用

目前,作为一项较新开发的技术,人们对超临界流体萃取技术进行了较广范围的探索,包括过程原理、测试手段、基础数据以及与之有关的超临界流体的热力学、工艺学及高压设备等方面,而超临界流体的应用范围包括石油化工、食品工业和医学医药工程等多个领域。在食品工业中的应用具体表现在以下方面:

(一) 植物油的提取

提取植物油的常规方法是压榨法。压榨法最大的不足是压榨后的蛋白质变性,不好利用。溶剂萃取法具有产率高和蛋白质变性少的优点,但是产品中的溶剂残留较难控制,并且萃取的纯度也不是很理想,如采用己烷萃取时,磷脂质的残留量较高。采用超临界 CO_2 流体萃取大豆油时,磷脂质的残留可降至 100 mg/L,提取后的大豆蛋白质不变性,在食品、饲料工业上可以进行多种利用。以超临界 CO_2 流体介质进行的萃取,萃取压力约为 7.4 MPa,萃取温度为 18 ℃,时间为 300 min,分离温度为 80 ℃,出油率为 19.29%。

(二) 提取啤酒花中的有效成分

啤酒花的质量好坏直接影响啤酒的质量和口感,啤酒花中的主要成分是 α-酸、啤酒花精油、类黄酮类物质等,这些有效成分会随着储存时间的延长而降低和被氧化,使啤酒花中的有效成分的利用率明显降低。而且采用啤酒花直接酿酒只能利用啤酒花中 25% 的有效成分,采用二氯甲烷或甲醇等有机溶剂萃取可将利用率提高到 60% ~80%,但存在溶剂残留问题。因此,提取啤酒花中有效成分以便于保存及降低运输费用、提高有效成分利用率是十分必要的。传统方法是用有机溶剂进行萃取,缺点是产品质量差,且存在化学溶剂残留。

采用超临界流体技术从啤酒花中提取有效成分可以改变这一现状。采用超临界流体萃取法时，先将啤酒花磨成粉状，使之易于接触。然后装入萃取罐，密封后通入超临界 CO_2，操作温度为 35～38 ℃，压力为 8～30 MPa。达到萃取要求后，浸出物随 CO_2 一起送至分离罐，经降压分离。萃取率可达 95% 以上。不仅提取了有效成分，还将农药等有害物质除去，保证了啤酒花的香味。

（三）脱除咖啡中的咖啡因

运用超临界流体萃取技术可以对食品中的一些物质进行选择性去除，该技术最广泛的应用为生产无咖啡因的咖啡，目前已经非常成熟。许多人在喝咖啡时，希望能降低咖啡因的含量，传统方法为溶剂萃取法，得到的产品纯度低，残留溶剂，效果不明显。随着超临界萃取技术的出现，1978 年西德的 HAG 公司开始使用超临界 CO_2 脱降咖啡因，效果显著。其原理是预先将咖啡豆清洗，加蒸汽和水预泡（起助溶的作用，增加咖啡因浓度），接着将其导入萃取器中萃取，后经过分离器分离。通过该过程，咖啡因的含量明显降低。

（四）提取功能性物质

提取植物中的功能性物质：超临界 CO_2 萃取技术萃取后仍旧保持了原料中的成分，可供后续使用，且提取率高，与压榨法相比节省了很多原料。植物中的亚油酸、亚麻酸、维生素 E 及 8 种人体必需氨基酸均可以通过超临界流体萃取技术提取出来。因此，超临界流体萃取技术被广泛应用于开发保健用油品上，如米糠油、胚芽油、葡萄籽油等。

分离提取 EPA 和 DHA：深海鱼油及其副产品可以提供人体大量所需的多不饱和脂肪酸，包括二十碳五烯酸（EPA）和二十二碳六烯酸（DHA），这些物质具有降血脂、防血栓、保护血管的功效，是新一代治疗心脑血管疾病的药物。但是它们极易被氧化，易受热被破坏，所以很难用传统方法提取出来，直接萃取鱼油实际上只能起到精炼鱼油的作用，并不能完全将其萃取分离开来。用乙醇为夹带剂能显著提高超临界流体的萃取率。用超临界 CO_2 萃取与尿素包合法相结合,优点在于可以对不同链长的脂肪酸进行分离,还可以对相同链长但饱和度不同的脂肪酸进行分离,并对鱼油中的多不饱和脂肪酸如 EPA 和 DHA 进行分离。

提取食品中的调味料和香料:超临界 CO_2 流体能用于提取水果、蔬菜等香味成分。利用超临界 CO_2 与夹带剂可萃取海藻中的胡萝卜素及番茄红素等。此外利用该技术还能实现辣椒脱辣,制造出让人们满意的天然食品。

(五) 超临界 CO_2 杀菌技术

相关研究发现,超临界状态的 CO_2 在杀菌方面有很好的功效,并且可以缩短灭菌时间和降低灭菌温度。其灭菌机理是超临界 CO_2 处理能抽出微生物细胞内或细胞膜功能物质,使微生物细胞受到损伤。因此,采用超临界 CO_2 萃取技术不仅能有效萃取功能性物质,还能提高原料的品质。

第三章 超微粉碎技术

第一节 超微粉碎技术概述

现代工程技术的发展,要求许多以粉末状态存在的固体物料具有极细的颗粒、严格的粒度分布、规整的颗粒外形和极低的污染程度,因此,普通的粉碎手段已不能满足生产的需要,于是便出现了超微粉碎技术。超微粉碎技术作为一种新技术,国外研究始于20世纪40年代,到了60年代得到迅速发展,我国对超微粉碎技术的研究晚于国外十几年,是20世纪60年代末70年代初发展起来的,并且发展缓慢,到80年代才得以迅猛发展。超微粉碎技术是利用机械力、流体动力等方法,将各种固体物质粉碎成微米级甚至纳米级的过程,涉及各种材料的制备、干燥、分散、表征、分级、表面修饰、填充、造粒过程。目前,该技术已经得到广泛的应用。国外已用于冶金、陶瓷、食品、医药、纺织、化妆品及航空航天等国民经济和军事的各个领域,国内则主要应用于新型材料的研究和生产。

一、定义及分类

超微粉碎技术是指利用机械或流体动力的方法克服固体内部凝聚力使之破碎,从而将3 mm以上的物料颗粒粉碎至10~25 μm的微细颗粒,从而使产品具有界面活性,呈现出特殊的功能的技术。与传统的粉碎、破碎、碾碎等加工技术相比,超微粉碎产品的粒度更加微小。

超微粉碎技术通常又可分为微米级粉碎(1~100 μm)、亚微米级粉碎(0.1~1 μm)、纳米级粉碎(0.001~0.1 μm,即1~

100 nm)。在天然动植物资源开发中应用的超细粉碎技术一般达到微米级粉碎即可使其组织细胞壁结构破坏,获得所需的物料特性。此外,超微粉碎可以使有些物料加工过程或工艺产生革命性的变化,如许多可食动植物都可用超细粉碎技术加工成超细粉,甚至动植物的不可食部分也可通过超细化处理而被人体吸收。

二、原理、作用及特点

(一) 超微粉碎技术的原理

超微粉碎是基于微米技术原理,通过对物料的冲击、碰撞、剪切、研磨等手段,施以冲击力、剪切力或几种力的复合作用,部分地破坏物质分子间的内聚力,来达到粉碎的目的。天然植物的机械粉碎过程,就是用机械方法来增加天然植物的表面积,表面积增加了,就引起自由能的增加,但不稳定,因为自由能有趋向于最小的倾向,故微粉有重新结聚的倾向,使粉碎过程达到一种粉碎与结聚的动态平衡,于是粉碎便停止在一定阶段,不再向下进行,所以要采取措施阻止其结聚,以使粉碎顺利进行。

(二) 超微粉碎技术的作用

1. 使食品具有独特的物化性能

由于颗粒的微细化导致表面积和孔隙率的增加,使超细粉体具有良好的分散性、吸附性、溶解性、化学活性、生物活性等,微细化的物粒具有很强的表面吸附力和亲和力,具有很好的固香性、分散性和溶解性。

2. 食品更易消化吸收,改善口感

经过超微粉碎的食品,由于其粒径非常小,营养物质不必经过较长的过程就能释放出来,并且微粉体由于粒径小而更容易吸附在小肠内壁,加速了营养物质的释放速度,使食品在小肠内有足够的时间被吸收。同时经过颗粒的微粉化使得人们从口感上消去了食品不良的颗粒感,从而提高了食品的爽口感。

3. 增加食品资源

一些动植物的不可食部分,如骨、壳、纤维等也可以通过超微粉化而被人体食用、吸收和利用,使得食品的范围扩大。

4. 改进或创新食品

超微粉碎可以改进或创新食品，如日本、美国市售的果味凉茶、冻干水果粉、超低温速冻龟鳖粉等。国内20世纪30年代将超微粉技术用于花粉的破壁，随后，一些口感好、营养配比合理、易消化的功能性食品应运而生。

5. 使有些食品加工过程或工艺产生革命性的变化

超微粉碎可使有此食品加工过程或工艺产生革命性的变化，例如，速溶茶生产，传统方法是通过萃取将茶叶中的有效成分提取出来，然后浓缩、干燥制得粉状速溶茶。现在采用超微粉技术仅需一步工序便可得到茶产品，大大简化了生产工艺。

但是对于食物来说，粉碎物的粒度并不是越细越好。食物的粒度愈细，在人体中存留的时间就愈短，而且相应食物的口感亦就没有了。一般情况下，食品颗粒的粒径应大于25 μm，但由于不同行业、不同产品对成品粒度的要求不同，因此，在加工时应根据物料特性及其不同用途来确定成品的粒度。

（三）超微粉碎技术的特点

1. 效率高

由于超微粉碎技术采用了超低速气流粉碎的粉碎方法，其粉碎的速度快，瞬间即可完成，因而能最大限度地保留粉体中的生物活性成分，有利于制成所需的高质量产品。

2. 营养成分易保留

在超微粉碎中，冷浆粉碎方法的应用使物料在粉碎过程中不产生局部过热现象，在低温状态下也能达到粉碎的目的，避免了高温下的营养损失。

3. 粒径细，分布均匀

由于采用超低速气流粉碎，原料上力的分布是很均匀的。分级系统的设置，既严格限制了大颗粒，又避免了过碎，可以得到粒径分布均匀的超细粉，同时很大程度上增加了微粉的比表面、吸附性、溶解性等。

4. 节省原料,提高利用率

物料经超微粉碎后,近纳米级细粒径的超细粉一般可直接用于制剂生产;而常规粉碎的产物仍需一些中间环节,才能达到直接用于生产的要求,这样很可能会造成原料的浪费。因此,该技术尤其适合珍贵、稀少原料的粉碎。

5. 减少污染

超微粉碎是在封闭系统下进行的,既避免了微粉污染周围环境,又可防止空气中的灰尘污染产品。在食品及医疗保健品中生产运用该技术,可使微生物含量及灰尘含量得以极大控制。

6. 提高发酵、酶解过程的化学反应速度

由于经过超微粉碎后的原料具有极大的比表面,在生物、化学等反应过程中,反应接触的面积大大增加了,因而可以提高反应速度,在生产中节约时间,提高效率。

7. 利于机体对食品营养成分的吸收

研究表明,经过超微粉碎后的食品,尤其是保健食品,更容易被机体所吸收,这是因为一般粉粒进入胃中,在胃液的作用下吸水溶胀,在进入小肠的过程中有效成分根据简单扩散的原理不断地通过细胞壁及细胞膜释放出来,由小肠吸收。因颗粒的粒径较大,位于粒子内部的有效成分将穿过几个或数十个细胞壁及细胞膜方可释放出来,每个细胞壁及细胞膜两侧的有效成分的浓度差就会非常低,释放速度很慢,而颗粒在体内的停留时间是有限的;并且小肠的蠕动方式造成了有效成分在细胞周围的浓度会高于小肠壁上的浓度,而使细胞壁内外的浓度差难以提高,减缓了释放速度。其中相当一部分粒子的有效成分在未完全释放出来之前就被排出体外,使食品的生物利用率降低。经过超微粉碎的食品,由于其粒径非常小,营养物质不必经过较长的路程就能释放出来,并且微粉体由于小而更容易吸附在小肠内壁上,这样也加速了营养物质的释放速度,使食品在小肠内有足够的时间被吸收。

三、超微粉碎技术的应用现状及发展前景

近年来,超微粉碎技术作为国际性食品加工新技术,在食品领域的应用范围不断扩大。超微粉碎具有以下技术优势:提高植物原料中有效成分的溶出,粉碎速度快、工艺操作简易、应用范围广及经济效益好等,赋予食品更加细腻的口感,延长食品的保鲜期,改善原料的加工性能,提高食品营养价值的利用率,提高机体吸收率,有利于开发新型食品和添加剂,最大限度地保留食品中的生物活性成分,使资源利用最大化。

比如日常饮用的茶叶,含有大量的多酚类、蛋白质、氨基酸、生物碱和维生素等有机物以及多种人体所需的无机矿物元素。然而传统的开水冲泡方法不能使茶叶的营养成分全部被人体吸收。高彦祥等研究了红茶叶和超微茶粉可溶性固形物含量的萃取动力学过程。不同温度(40~80℃)下茶汤的 Brix 通过数字折射计测量,实验结果通过一级稳态模型加以解释,等级常数由 Brix 随时间的增加率决定。结果表明,茶汤可溶性固形物含量随萃取温度升高而增加,超微茶粉的等级常数是红茶叶的 1.22~2.22 倍。

姚秋萍、马玉芳等研究表明油菜花粉超微粉多糖的溶出量和溶出速度都大于油菜花粉普通粉,超微粉碎和普通粉碎所得的油菜花粉多糖其主要官能团没有差异,因此在油菜花粉多糖提取过程中应用超微粉碎技术的前景是十分广阔的。

高云中、张晖等研究结果表明,超微粉碎对蛋白的提取率与蛋白性质有一定影响。随着粒径的不断减小,所提分离蛋白的吸水性和吸油性在一定粒径范围内均有明显提高,而起泡性、泡沫稳定性及乳化性都降低了,乳化稳定性略有增加。利用超微粉碎技术已经开发出的软饮料有粉茶、豆类固体饮料、超细骨粉配制的富钙饮料和速溶绿豆精等。

潘思轶试验比较了早籼米经超微粉碎后再进行分级的三个不同粒径范围米粉的理化特性,并以普通粉碎米粉为对照。结果表明,随着米粉颗粒粒径的减小,其粒度分布范围也减小,蛋白质含量、糊化温度、糊化液的透光率和冻融稳定性降低,酶解速度、糊化液热稳定性、冲调性能及溶解度提高,米粉的休止角和滑角增大,糊化液沉降性能和对蛋白发泡体系的持泡能力增强,耐酸性基本稳定。

Martinez – Bustos F 等研究了高能磨机对豆类淀粉和木薯淀粉加工性能的影响，结果发现，原淀粉经球磨处理后，形状变得不规则，淀粉的水溶性成分增加了，凝胶性质也发生了变化。

乳鸽冻干超微粉富含人体所需的 17 种氨基酸，且具有高蛋白、高能量、低脂肪的特点，对于补血养身、骨骼生成、美容润颜等都有很好的疗效，是一种高级保健食品。

葡萄籽是葡萄酒产业的副产品，它含有多种微量元素及多酚等生物活性物质，具有清除自由基、抗氧化、抗癌、降血脂等作用。葡萄籽超微粉碎是指以葡萄籽细胞破壁为目的的粉碎作业。运用现代超微粉碎技术，可将葡萄籽粉碎到粒度 25 μm 以下。在该细度条件下，一般细胞的破壁率≥99%。超微粉碎后的葡萄籽，保健功效成分的溶出速率加快，活性和利用率提高。

目前，我国超微粉碎技术正不断改进，逐渐趋于完善，其以独特的优势，为新产品的开发提供了技术支撑，推动了食品行业的发展，尤其在绿色保健食品及功能性食品方面的开发有重要意义，有助于提高人民生活品质及健康水平。可以预见，未来的食品、中药及化妆品行业中，超微粉碎技术必将逐渐占据重要位置。

第二节　超微粉碎技术

一、普通超微粉碎技术

目前超微粉碎技术可分为化学合成粉碎和机械粉碎。化学合成粉碎法能够制得微米级、亚微米级甚至纳米级的粉体，但产量低，加工成本高，应用范围窄；机械粉碎法成本低、产量大，是制备超微粉体的主要手段，现已大规模应用于食品工业化生产中。根据物料所处的介质不同，机械粉碎又可分为干法粉碎和湿法粉碎。根据粉碎过程中产生粉碎力的原理不同，干法粉碎有气流式、高频振动式、旋转球（棒）磨式、锤击式和自磨式等粉碎形式；湿法粉碎有胶体磨和均质机等粉碎形式。

（一）干法超微粉碎技术

1. 气流式超微粉碎技术

气流式粉碎技术的原理是利用空气、水蒸气或其他气体通过一定压力的喷嘴喷射产生高度的湍流和能量转换流，物料颗粒在此高能气流作用下悬浮输送，相互发生剧烈的冲击、碰撞和摩擦，加上高速喷射气流对颗粒的剪切冲击作用，使得物料颗粒间得到充分的研磨而粉碎成细小粒子，同时进行均匀混合。由于预粉碎的物料大多熔点较低或者不耐热，故通常同时使用空气。被压缩的空气在粉碎室中膨胀，产生的冷却效应与粉碎时产生的热效应相互抵消。气流式粉碎设备为气流磨，自 20 世纪 30 年代问世以来，经历若干发展阶段，结构不断更新，类型不断增多，现广泛应用于化工、材料、食品、生物工程、医药、军工、航空航天等领域。

气流粉碎具有以下特点：

① 粉碎比大。粉碎颗粒成品的平均直径在 5 μm 以下。

② 在粉碎过程中具有分级作用。粗粒由于受离心力作用不会混到细粒中，保证了成品粒度均匀一致。

③ 粉碎设备结构紧凑、磨损小且维修容易，但功率消耗大。

④ 易实现无菌操作，卫生条件好。

⑤ 压缩空气（或过热蒸汽）膨胀时会吸收很多能量产生制冷作用造成较低的温度，所以适用于对热敏性物料的超微粉碎加工。

⑥ 易实现多单元联合操作。例如，可利用热压缩气体同时进行粉碎和干燥处理，在粉碎同时还能对两种配合比例相差很远的物料进行混合；在粉碎的同时可喷入所需的包囊溶液对粉碎颗粒进行包囊处理。

⑦ 生产过程连续，生产能力高，自动控制和自动化程度高。

⑧ 存在粉碎极限，能量利用率低。

2. 高频振动式超微粉碎技术

高频振动式超微粉碎技术的原理是利用球形或棒形研磨介质在高频振动时产生的冲击、摩擦、剪切等作用力，来实现对物料颗粒的超微粉碎，并同时起到混合分散作用。高频振动式粉碎设备可用于干法粉碎,也可用于湿法粉碎。振动磨是进行高频振动式超微粉碎的专门设备。该设备按工作方式可分为间歇式和连续式,按筒体数可分为单筒式和多筒式,按振动特点可分为偏心振动的偏旋振动磨和不平衡重的惯性振动磨两种,工业化应用的一般都是连续振动式粉碎设备。研磨介质有钢球、钢棒、氧化铝球和不锈钢珠球等,可根据物料性质和成品粒度要求选择研磨介质材料与形状。为了提高粉碎效率,应尽量选用大直径的研磨介质。如较粗粉碎时可采用棒状,超微粉碎时使用球状。一般说来,研磨介质尺寸越小,则粉碎成品的粒度也越小。

振动磨具有以下特点:

① 效率高,且产品粒径小。平均粒径可达 2 ~ 3 μm,通过循环粉碎后可达亚微米级。

② 粉碎、分散及混合三个过程可同时进行,并可与后续的表面改性加工相结合。

③ 可实现连续化生产并可以采用完全封闭式操作,改善操作环境。

④ 外形尺寸比球磨机小,占地面积小,操作方便,便于维修管理。

⑤ 运转时噪声大,需使用隔声或消声等辅助设施。

3. 球磨超微粉碎技术

球磨法是一种应用广泛的超微粉碎方法,属于该粉碎法的机器有球磨机、棒磨机、管磨机,以及在此基础上开发出的多种形式的广义球磨机,如离心式球磨机和行星式球磨机等。

球磨机主要靠冲击力进行破碎,其结构简单、机械可靠性强,磨损零件容易检查和更换,工艺成熟,粉碎效果好,粉碎比大,粉碎粒度可达 20 ~ 40 μm,且可迅速准确地调整粉碎物粒度;应用范围广,适应性强,能处理多种物料并符合工业化大规模生产需求;能与其他单元操作相结合,如可与物料的干燥、混合等操作结合;干湿法处理均可。

球磨法的缺点:当物料粒度小于 20 μm 时,粉碎周期长、效率低且单位产量的能耗大；研磨介质易磨损破碎，筒体也易被磨损；操作时噪声大，伴有强烈振动；湿法粉碎时不适于含黏稠浆料的处理；粉碎物粒度较振动磨粉碎的大，因此更常用于微粉碎场合。

（二）湿法超微粉碎技术

球磨机和振动磨等设备，既可用于干法粉碎，也可用于湿法粉碎，但搅拌磨、双锥磨、胶体磨和均质机等是湿法粉碎的专用设备。

1. 搅拌磨

搅拌磨的基本原理：在离心机高速旋转产生的离心力作用下，研磨介质和液体浆料颗粒冲向容器内壁，产生强烈的剪切、摩擦、冲击和挤压等作用力（主要是剪切力），使浆料颗粒得以粉碎。

2. 双锥磨

双锥磨是一种新型高能量密度的超微粉碎设备，它利用两个锥形容器的间隙构成一个研磨区，内锥体为转子，外锥体为定子。在转子和定子之间用研磨介质填充，研磨介质为玻璃珠、陶瓷珠和钢珠等。研磨介质直径通常为0.5～3.0 mm，转子与定子之间的研磨间距（缝隙）为6～8 mm，与研磨介质直径相适应。介质直径大，则间距也大。通常锥形研磨区可以得到渐进的研磨效果，供研磨的能量从进料口至出料口逐渐增加，因为随着被研磨物料细度的增加，必须不断使其获得更高的能量才能进一步磨细。

双锥磨的特点：

① 能量密度高，研磨容器小，因此成品的细度高、生产量大；

② 结构紧凑，操作密闭，适于研磨含有机溶剂的物料；

③ 无空气加入，研磨时不会起泡；

④ 适于研磨低沸点下溶解的物料和热敏性物料。

3. 胶体磨

胶体磨工作构件由一个固定的磨子（定子）和一个高速旋转的磨体（转子）所组成。两磨体之间有一个可以调节的微细间隙。当物料通过这个间隙时，由于转子的高速旋转，附着于转子面上的物料速度也增大，而附着于定子面上的物料速度为零。这样，产生了急剧的速度梯度，从而使物料受到强烈的剪切、摩擦和湍流作用，产生了超微粉碎作用。

胶体磨的特点：

① 粉碎时间短、颗粒细（可达 1 μm 以下），同时兼有混合、搅拌、分散和乳化作用；

② 效率高，为球磨机和辊磨机工效的 2 倍以上；

③ 间隙可调，细度可控；

④ 结构简单，操作方便，占地小。

4. 均质机

均质机的工作原理与胶体磨相似，当高压物料在阀盘与阀座间流过时，产生了急剧的速度梯度，缝隙中心的物料流速最大，而附着于阀盘与阀座上的物料流速为零。急剧的速度梯度产生强烈的剪切力，使液滴或颗粒发生变形和破裂以达到微粒化的目的。

5. 超声波乳化器

超声波乳化器是一种普通的机械式超声波乳化装置，它将一边缘为楔形的簧片置于喷嘴的前方，液体被泵送经喷嘴成为液体，冲击簧片前缘使簧片振动。簧片以其自然频率引起共振，并将超声波传送给液体，声波强度虽不大，但足以使簧片附近的液体内部产生空化作用，从而达到乳化目的。

超声波是频率大于 16 kHz 的声波。当它遇到障碍时，会对障碍物起着迅速交替的压缩和膨胀作用。在膨胀的半个周期内，物料受到张力，物料中存在的任何气泡将膨胀；而在压缩的半个周期内，此气泡将被压缩。当压力的变化很大而气泡又很小时，压缩的气泡就急速崩溃，对周围产生巨大的复杂应力，这种现象称作“空蚀”作用，可释放出相当的能量。空蚀作用也可发生在没有气体存在的物料中，但物料中存在溶解氧或气泡，可促进这种现象的发生。

二、低温超微粉碎技术

在微粉制备过程中，针对具有韧性、黏性、热敏性和纤维类物料的超微粉碎，一直是生产研究中的难点和重点。近年来，随着技术的进步，一种新的超微粉碎技术应运而生，这就是低温超微粉碎方法。该方法不同于普通的超微粉碎法,它是利用物料在不同温度下具有不同性质的特性,将物料冷冻至其脆化点或玻璃体温度之下,使其成为脆性状态,然后再用机械粉碎或气流粉碎方式使其超细化的方法。

(一)原理

天然植物具有极明显的韧性,应用普通超微粉碎方法很难将其完全超微化。研究发现,植物的韧性在低温下会出现均匀地降低,虽然没有出现脆性转折点,但随温度降低其脆性增加的规律是存在的,且有一个最合适的低温范围,在该低温范围内,植物脆性最大。在快速降温过程中,物料各部位出现不均匀收缩而产生内应力,导致脆弱部位极易发生破裂、龟裂和内部组织力降低。这时,施加一定的冲击,经快速降温处理过的物料就极易破碎成细粉。

(二)方法

将物料在快速低温状态下粉碎有三种方法:① 先将物料在液氮零下 196 ℃快速降温至低温脆化状态,然后迅速将其投入常温粉碎机中粉碎;② 将常温的物料投入粉碎机中粉碎,粉碎机内部是低温状态;③ 粉碎物料和粉碎机内部均为低温状态下进行粉碎操作。

(三)特点

优点:可粉碎在常温下难以粉碎的物料,如纤维类、热敏性和受热易变质的物质(血液制品、蛋白质及酶等);对含芳香性、挥发性成分的天然植物行低温超微粉碎,可避免有效成分的损失;在低温环境下细菌的繁殖受到抑制,避免了产品污染;有利于改善物料的流动性;可提高对易燃、易爆物品粉碎的安全性。

缺点:生产成本极高,低附加值的产品难以承受,故多用于附加值较高的生物类产品的超微粉化。

第三节 超微粉碎技术在食品中的应用

随着食品工业的发展,人们对食品的要求愈来愈高,不仅注重食品的营养成分，而且更注重食品中营养成分的功效大小，人体对其吸收的程度及口感、摄入的方便程度等。超微粉碎技术应用于食品、农副产品加工，可使食物的香味和滋味更加浓厚丰满，口感更加细腻滑润，营养更易消化吸收，提高了产品色、香、味、形的品质；并且使原来不能充分吸收或利用的原料被重新利用、配制和深加工成各种功能性食品，开发出新食品材料，增加了食品品种，提高了资源利用率。通过超微粉碎技术，既可使原本只能用粗粉的产品提高产品档次，又可使原本不能微粉的物料扩大其利用价值，甚至变废为宝，提高产品附加值，满足工程化食品和功能性食品的生产需要。食品超微粉碎技术虽问世不久，却已在调味品、方便面、饮料、冷食品、焙烤食品、罐头、保健食品等方面得到了广泛应用，并取得了令人满意的效果。

一、原料加工

（一）果蔬加工

蔬菜在低温下磨成微膏粉，既保存了营养素，其纤维质也因微细化而使口感更佳。例如，人们一般视为废物的柿树叶富含维生素 C、芦丁、胆碱、黄酮苷、胡萝卜素、多糖、氨基酸及多种微量元素，若经超微粉碎加工成柿叶精粉，可作为食品添加剂制成面条、面包等各类柿叶保健食品，也可以制成柿叶保健茶。饮用柿叶茶 6 g，可获取维生素 C 20 mg，具有明显地阻断亚硝胺致癌物生成的作用。另外，柿叶茶不含咖啡因，风味独特，清香自然。可见，利用超微粉碎技术开发柿叶产品，可变废为宝，前景广阔。

利用超微粉碎技术对植物进行深加工的产品种类繁多，如枇杷叶粉、红薯叶粉、桑叶粉、银杏叶粉、豆类蛋白粉、茉莉花粉、月季花粉、甘草粉、脱水蔬菜粉、辣椒粉等。

（二）粮油加工

小麦面粉加工中可以用超微粉碎的方法对面粉进行分级处理，可以在粗粉部分得到胚芽含量不同的高蛋白和低蛋白面粉。大豆经超微粉碎后加工成豆奶粉，可以脱去豆腥味；绿豆、红豆等其他豆类也可经超微粉碎后加工制成高质量的豆沙、豆奶等产品。

小麦麸皮、燕麦皮、玉米皮、玉米胚芽渣、豆皮、米糠、甜菜渣和甘蔗渣等,含有丰富维生素、微量元素等,具有很好的营养价值,但由于常规粉碎的纤维粒度大,影响食品的口感,而使消费者难以接受。通过对纤维的微粒化,能明显改善纤维食品的口感和吸收性,从而使食物资源得到了充分利用,而且保留了食品的营养。

（三）粉茶的加工

超微粉茶加工技术是“八五”期间中国农业科学院茶叶研究所开发的新型茶加工技术之一,其种类有绿茶粉、红茶粉、乌龙茶粉等,被广泛应用于食品添加,变“喝茶”为“吃茶”。当前应用最广泛的是绿茶粉,其关键加工技术:一是对鲜叶原料采用保绿手段,加工成色泽翠绿的干毛茶;二是使用超微粉碎技术,将茶叶粉碎成300目以下,约颗粒直径60 μm的微细粉末,并保持茶叶的原有色泽。超微粉茶因为粒度很细,添加于食品中,不会有任何粒度的口感,故可使食品中既富含茶叶的营养和保健成分,又使原来舍弃的纤维素等得以利用,同时还赋予了食品天然绿色,形成具有特殊风味的茶叶食品。

超微绿茶粉所使用的保绿手段:一是在鲜叶中添加保绿剂;二是使用蒸青方式杀青,生产出色泽绿翠的蒸烘青绿茶。

超微茶粉加工的关键设备是LP型超微粉碎机组,茶叶颗粒经进料口螺旋送入粉碎室内,受到粉碎盘的高速冲击力和剪切力,同时也受到涡流产生的高频振动而被粉碎。粉碎后的粉体在负压作用下越过分流锥套进入分级室。由于分级轮的高速旋转,粉体同时受空气动力和离心力的作用,当粉粒受到的离心力大于空气动力时,说明粉体还大于要求的粉粒细度,于是被甩至锥套返回粉碎室继续粉碎;而粉碎合格的粉体此时所受的空气动力大于离心力受动力作用,力进入集料管道后到辅机被排出,收集后成为超微粉茶成品。

（四）软饮料加工

利用超微粉碎技术,可开发出颗粒微细、人体可以很好地吸收利用的软饮料,如速溶粉茶、豆类固体饮料、速溶豆糟等。

在牛奶生产过程中，利用均质机能使脂肪明显细化。若98%的脂肪球直径在2 μm以下，则可达到优良的均质效果，口感好，易于消化。植物蛋白饮料是以富含蛋白质的植物种子和各种果核为原料，经浸泡、磨浆、均质等操作单元制成的乳状制品。磨浆时用胶体磨磨至粒径5～8 μm，再均质至1～2 μm。在这样的粒度下，可使蛋白质固体颗粒、脂肪颗粒变小，从而防止蛋白质下沉和脂肪上浮。

传统的饮茶方法是用开水冲泡茶叶，但是人体不能完全吸收茶叶的全部营养成分，一些不溶或难溶的成分，诸如维生素A、维生素K、维生素E和绝大部分蛋白质、碳水化合物、胡萝卜素以及部分矿物质等，都大量留存于茶渣中，大大影响了茶叶的营养及保健功能。在速溶茶生产中，传统方法是通过萃取将茶叶中的有效成分提取出来，然后浓缩、干燥制成粉状速溶茶。如果将茶叶在常温、干燥状态下采用超微粉碎技术，仅需一步工序便可得到粉茶产品，大大简化了生产工序，超微绿茶粉就是用中低档茶鲜叶，经蒸汽杀青、烘干等工艺处理后，再用超微粉碎技术处理成纯天然茶叶超微细粉。超微茶粉最大限度地保持了茶叶原有的营养成分、药理成分和原料的天然本色，不仅冲饮方便，可以即冲即饮，而且还被用于加工各种茶叶食品，以强化其营养保健功效，并赋予各类食品天然色泽和特有的茶叶风味。可将一定比例超微茶粉加入主料中制成茶面包、茶蛋糕、茶米粉、茶糖果、茶冰淇淋等食品。茶食品的开发，改“饮茶”为“食茶”，形成了新的茶叶消费方式。

二、调味品加工

调料品是生活中不可缺少的烹调佐料，赋予了食品多种多样的风味。超微粉碎技术作为一种新型的食品加工方法可以使传统工艺加工的香辛料、调味产品（主要指豆类发酵固态制品）更加优质。香辛料、调味料在微粒化后产生的巨大孔隙率造成的集合孔腔可吸收并容纳香气，味道经久不散，香气和滋味更加浓郁。同时超微粉碎技术可以使传统调味料细碎成粒度均一、分散性能好的优良超微颗粒，其流动性、溶解速度和吸收率均有很大的提升，口感也得到十分明显的改善,经超微粉碎方法加工的香辛料、调味料的入味强度是传统加工方法的数倍乃至十余倍。对于感官要求较高的产品来讲,经超微粉碎后的香辛料粒度极细,可达 300 ~ 500 目,肉眼根本无法观察到颗粒的存在,杜绝了产品中黑点的产生,提高了产品的外观质量。同时,超微粉碎技术的相应设备兼备包覆、乳化、固体乳化、改性等物理化学功能,为调味产品的开发创造了现实前景。

三、功能性食品加工

功能性食品中真正起作用的成分称为生理活性成分,富含这些成分的物质即为功能性食品基料(或称为生理活性物质)。就目前而言,确认具有生理活性的基料包括膳食纤维、真菌多糖、功能性甜味剂、多不饱和脂肪酸酯、复合脂质、油脂替代品、自由基清除剂、维生素、微量活性元素、活性肽、活性蛋白和乳酸菌等十多个大类。

对于功能性食品的生产,超微粉碎技术主要在基料(如膳食纤维、脂肪替代品等)的制备中起作用。超微粉体可提高功能物质的生物利用率,降低基料在食品中的用量,微粒子在人体内的缓释作用可使功效延长。

有一类以蛋白质微粒为基础成分的脂肪替代品,就是利用超微粉碎技术(微粒化)将蛋白质颗粒粉碎至某一粒度。因为人体口腔对一定大小和形状颗粒的感知程度有一个阈值,小于这一阈值时颗粒就不会被感觉出,呈现出奶油状、滑腻的口感特性。利用湿法超微粉碎技术将蛋白质颗粒的粒径降至低于这一阈值,便得到可用来代替油脂的功能性食品基料。

膳食纤维是一种重要的功能性食品基料,它具有重要的生理功能:使粪便变软并增加其排出量,起到预防便秘、结肠癌、肠憩室、痔疮和下肢静脉曲张的作用;降低血清胆固醇,预防由冠动脉硬化引起的心脏病;改善末梢神经组织对胰岛素的感受性,调节糖尿病患者的血糖水平;防治肥胖症等。

自然界中富含纤维的原料很多,如小麦麸皮、燕麦皮、玉米皮、豆皮、豆渣、米糠等,都可用来制备膳食纤维。其生产工艺包括原料清洗、粗粉碎、浸泡漂洗、脱除异味、漂白脱色、脱水干燥、微粉碎、功能活化和超微粉碎等主要步骤,其中超微粉碎技术在高活性纤维的制备过程中起着重要作用,因膳食纤维的生理功能在很大程度上与膳食纤维的持水性和膨胀力有关,而持水性与膨胀力除与纤维源和功能活化工艺有关外,还与成品的颗粒度有很大的关系。颗粒度越小,则膳食纤维颗粒比表面积越大,其持水性和膨胀力也相应增大,膳食纤维生理功能的发挥越显著。

四、肉类、畜骨粉加工

随着人们对饮食营养的日益重视,绿色肉类粉体食品逐渐成为市场的热点。乳鸽冻干超微粉富含人体所需的 17 种氨基酸,具有高蛋白、高能量、低脂肪的特点,对于补血养身、骨骼生成、美容润颜等都有很好的疗效,是一种高级健康补品。

动物内脏类、动物鞭类及动物胎盘类食品等具有补气、养血、益精的保健功效,能增强机体的免疫功能,调节内分泌,对改善贫血、白细胞低及某些慢性疾病有良好的保健和辅助治疗作用,且无任何毒副反应。但传统的食用方法会造成营养的破坏和损失,利用超微粉碎技术在常温下用纯物理方法粉碎基料,然后低温干燥,可制成高吸收率、食用方便的超微粉保健食品,可以保留原料全部的有效成分。

各种畜、禽鲜骨含有丰富的蛋白质和磷脂质,能促进儿童大脑神经的发育,有健脑增智的功效;鲜骨中含有的骨胶原(氨基酸)、软骨素等有滋润皮肤、抗衰老的作用;另外,鲜骨中还富含钙、铁等无机盐和维生素 A、维生素 B_1、维生素 B_2 等营养成分。传统上,人们一般将鲜骨煮熬之后食用,营养并未被充分利用;还有的人则利用高温高压法、生化法等加工,这些方法使原料营养成分损失严重。如果采用气流式超微粉碎技术将鲜骨多级粉碎加工制成超细骨泥或经脱水制成骨粉,既能保持大部分的营养素,又能提高吸收率。由超微粉碎制得的骨粉不仅蛋白质含量高、脂肪含量低,而且灰分含量显著提高,特别是其中的有机钙比无机钙更容易被人体吸收利用。有机钙可以作为添加剂,制成高钙高铁的骨粉(泥)系列食品。超微骨粉还可以添加于汤料、调味品、肉制品、糕点、面团等食品中。超微粉碎技术改变了人们长期以来通过长时间煲汤食用鲜骨的传统,使得鲜骨的全面开发成为可能。

五、巧克力的生产

巧克力属于超微颗粒的多相分散体系,糖和可可以细小的质粒作为分散相分散于油脂连续相内。巧克力一个重要的质构特征是口感特别细腻滑润,这一特点虽然是由多种因素决定的,但最主要并起决定性作用的因素是巧克力配料的颗粒度。分析表明,配料的粒度不大于 25 μm,吃起来就细腻滑润;当平均粒径大于 40 μm 时,巧克力的口感就会明显粗糙,这样的巧克力的品质显著下降。因此,超微粉碎技术在保证巧克力质构品质上发挥了重要的作用。瑞士、日本等国主要采用五辊精磨机和球磨精磨机。一种适合我国国情的巧克力球磨机已经得到设计开发,其粉碎细度和能耗指标达到并超过国外同类机型。

六、其他

(一)贝壳类产品

钙是机体内重要的必需常量元素,我国人民实际膳食中钙的摄入量和推荐的摄入量之间还有一定差距,有不少人群缺钙。开发人类食用钙源和补钙产品是食品工业和医药工业的重要课题。贝壳中含有极其丰富的钙,在牡蛎的贝壳中,含钙量就超过 90%。目前,我国对于牡蛎等海产品的加工仅仅局限于其可食用的肉部分,但是,对于质量占牡蛎整体 60% 以上的牡蛎壳的加工却很少涉及。利用超微粉碎技术,将牡蛎壳粉碎至很细小的粉粒,用物理方法促使粉粒的表面性质发生变化,可以达到牡蛎壳更好地被人体吸收利用的目的。江南大学食品学院和浙江海通食品集团联合攻关,探索钙添加剂的超微粉碎加工工艺及粉体性质。他们将牡蛎壳清洗、干燥、初步粉碎后进行超微粉碎,确定了牡蛎壳超微粉碎的最佳工艺参数:进料速度为 0. 0625 g/s,气流压力、进料压力、粉碎压力为 0. 56 MPa,进料粒度为 150 pm,粉碎一次。经由超微粉碎得到的粉体，更易溶解于水，而且在水中的分散速度更快。在此基础上他们进行了牡蛎超微钙片产品的中试研究，达到了预定的目标。

（二）冷制品加工

在冷食业中应用超微粉碎技术，不但能降低成本，增加花色品种，而且为开发新冷食品提供了新型原辅料。例如，生产雪糕、冰激凌时，一般采用明胶、羧甲基纤维素、卡拉胶等作为稳定剂，成本较高。因此，常添加糯米粉和玉米淀粉作为填充物，但细度不够（200 目左右）、稳定性不高，无法大量替代明胶。若使用超微细糯米粉和玉米淀粉，则可大大降低明胶的用量，达到相同的稳定效果，阻止产生大的冰晶，防止脂肪上浮和析出料液游离水，缩短老化和凝冻时间，并有较好的凝胶力和膨胀力。

利用药食兼用的超微细原料可开发保健型冷饮。例如，用超微细的大枣粉、枸杞粉、山楂粉、乌梅肉粉等开发系列速溶保健冷饮；也可做成"大枣原味""山楂原味""乌梅原味"的冰棒、雪糕、冰激凌；用超微细的莲子粉、甘草粉、罗汉果粉、陈皮粉、菊花粉、桑叶粉等开发系列保健冷饮。

第四章　辐照技术

第一节　辐照技术概述

一、食品辐照技术的定义

食品辐照技术是20世纪发展起来的一种灭菌保鲜技术，它是一种利用原子能射线的辐照能量对新鲜肉类及其制品、水产品及其制品、蛋及蛋制品、粮食、水果、蔬菜、调味料、饲料以及其他加工产品进行杀菌、杀虫、抑制发芽、延迟后熟等处理技术，以最大限度地减少食品的损失，使它在一定的期限内不发芽、不腐败变质，不发生食品的品质和风味的变化，由此增加食品的供应量，延长食品保藏期的技术，经过这种技术处理的食品就是辐照食品。在《辐照食品卫生管理办法》中，将辐照食品定义为"用^{60}Co、^{137}Cs产生的γ射线或电子加速器产生的低于10 MeV电子束辐照加工处理的食品，包括辐照处理的食品原料、半成品"。

二、食品辐照技术的特点

食品辐照技术的最大优点是能彻底消灭微生物，防止病虫危害。食品经过辐照杀菌能延长其保存时间，如辐照后的粮食3年内不会生虫、霉变；土豆和洋葱经过辐照处理后能延长保存期6到12个月；肉禽类食品经辐照处理，可全部消灭霉菌、大肠杆菌等病菌。它的特点主要包括以下几个方面：

① 保持食品的色、香、味。辐照加工属于冷加工，可以保持食品的香味和外观品质，这对风味食品以及不适于高温杀菌的食品尤为重要。例如，辐照保藏的马铃薯可抑制发芽，饱满而不发皱，

硬度好，养分无明显的损失。

② 无残留和污染。食品辐照是物理加工过程，不需添加任何化学药物，不存在化学毒物残留和环境污染问题，是一种安全环保的食品加工法。

③ 改进食品的卫生、工艺质量，满足不同需要。辐照可杀食品中的灭沙门氏菌和寄生虫，改进食品卫生质量。由于辐照能彻底杀虫灭菌，可作为一种特别检疫措施，防止病虫害的传播，且经过辐照处理的牛肉更嫩滑可口，辐照后的白酒可加速陈酿增香，辐照后的大豆易于消化，缩短了烹调时间。另外，高剂量完成灭菌的食品可适用于满足医院特需患者、宇航员、航海、登山、探险和地质队的特殊需要。

④ 工艺简单、操作方便。辐照加工过程简单，操作方便，能实现高度机械化、自动化、连续化的大规模生产。

⑤ 应用范围广，有利于辐照装置的综合利用。穿透力很强的射线可以均匀、连续、大批量杀灭大小包装、散装、液体、固体、干货、鲜果内部的病菌和害虫，尤其适用于一些不宜进行加热、熏蒸处理的食品。

⑥ 生产成本相对较低，节省能源。

三、食品辐照技术的发展和现状

（一）食品辐照技术的形成

食品辐照技术是一种物理加工法，不需要加入任何添加剂。该技术应用广泛，可以使食品延缓成熟、抑制发芽、延长货架期、防止害虫侵蚀、杀菌消毒、控制寄生虫感染等，提高卫生品质。

食品辐照的应用历史可以追溯到19世纪末期。现代食品辐照加工技术的形成先后经历了食品辐射化学和生物学效应研究、辐照食品的卫生安全性评价、食品辐照加工工艺研究、辐照食品商业化应用4个过程。从时段上大体分为4个阶段。

1．食品辐照研究的初期阶段

1895年，德国物理学家伦琴（W. K. Röntgen）发现X射线。1896年，法国科学家贝可勒尔（A. H. Becquerel）发现铀的天然放射性。这两项研究揭开了人类利用原子能时代的序幕。1896 年,人类首次发现 X 射线对病原细菌的致死作用;1899 年,研究证实了 X 射线对寄生虫的致死作用;1916 年,朗纳(G. A. Runner)发现 X 射线能对昆虫产生不育效应。射线的这些早期研究结果促进了利用射线进行食品辐照的研究探索。

1905 年,英国人阿普比(J. Appleby)和班克斯(A. J. Banks)首次提出用 α 射线、β 射线和 γ 射线处理食品。1918 年,吉勒特(D. C. Gillett)获得“应用 X 射线保存有机材料”的美国专利。1921 年,美国农业部的舒瓦茨(B. Schwartz)应用 X 射线灭活猪肉中的旋毛虫。1930 年,德国工程师伍斯特(O. Wust)提出保存在容器中的各类食品均可以应用能量较高的硬 X 射线杀菌。1943 年,美国麻省理工学院普罗科特(B. E. Proctor)博士开展了射线处理汉堡包的研究探索。

1947 年,布拉施(A. Brasch)和胡贝尔(W. Huber)应用脉冲电子束进行辐照食品的研究,首先报道了高能电子脉冲对肉类和其他一些食品的消毒作用,并发现在低温和无氧条件下可以避免辐照异味的产生。同时,美国麻省理工学院的特朗普(J. G. Trump)和范德格拉夫(R. J. Van de Graaff)研究了射线对食品和生物材料的影响。1950 年,苏联和英国等国研究人员也开始了食品辐照技术的研究。1951 年,美国麻省理工学院食品技术系普罗科特(B. E. Proctor)博士和戈德布利思(S. A. Goldblith)博士联合发表综述,对这一时期的食品辐照技术研究工作进行了评述。

20 世纪 50 年代以前,射线和核技术主要用于军事目的。人力和财力的限制以及大功率 X 射线机和高强度辐照源的缺乏,导致这个时期食品辐照技术的基础研究不够深入,食品辐照技术尚处于技术研究的初级阶段,没有进入实际应用。

2. 食品辐照技术的全球性研究

第二次世界大战结束之后,面对原子弹给人类带来的战争创伤,原子能的和平利用已成为各国关注的焦点。1953 年,美国总统艾森豪威尔向联合国提出了“和平利用原子能计划”。1955 年,在日内瓦召开了第一届世界和平利用原子能大会。1957 年,国际原子能机构(IAEA)正式成立,负责组织协调全球原子能和平利用和安全监督工作。在原子能和平利用的大背景下,随着各国经济的恢复和发展,食品辐照技术的全球性研究与应用逐步形成。这一阶段食品辐照的主要研究领域是辐照杀虫、辐照杀菌、抑制发芽、延长食品货架期的适宜条件(辐照剂量、产品成熟度、包装材料、温度和气体的影响等)等。

1950 年,美国原子能委员会(USAEC)组织了电离辐射保藏食品的联合研究项目。^{60}Co γ 辐照源和电子加速器高能电子束开始应用于食品辐照保鲜领域。1953—1960 年近 8 年的时间,美国军方经费支持了低剂量和高剂量辐照食品的基础应用研究,重点开展肉类产品的辐照杀菌保藏研究,以替代罐头食品和冷冻产品。1962 年,美国军方在马萨诸塞州的内蒂克(Natick)建立了食品辐照研究实验室,并很快将其发展成为食品辐照研究的国际中心。1950 年,英国设在剑桥的低温研究实验室率先在欧洲开展了电离辐射对食品的研究,随后英国原子能研究院的 Wantage 研究室也开展了食品辐照的基础应用研究。

20 世纪 50 年代中后期,全球共有 20 多个国家开展了食品辐照技术的基础应用研究。研究对象包括禽肉和水产类食品共 50 多种,水果和蔬菜共 40 多种,以及香料调味品和谷物共 50 多种。1957 年,德国曾尝试进行香辛料的商业化辐照,但由于 1959 年新的国家食品法律中禁止对食品进行辐照,该项研究不得不停止。1958 年,苏联首次批准将经过用^{60}Co γ 辐照源进行 0. 1 kGy 辐照的马铃薯供人们消费,这也使得苏联成为世界上第一个批准辐照食品供人类消费的国家。美国国会 1958 年通过法案,将食品辐照技术应用列为食品添加剂进行管理,这一法案对食品辐照的发展产生了长期的负面影响。

加拿大 1960 年批准了抑制土豆发芽的辐照技术商业化应用,并开始^{60}Co γ 辐照土豆的技术应用,达到年辐照量 1. 5 万吨的商业化规模。1963 年,美国首次批准较高剂量辐照的熏肉罐头上市。

1965 年，在国际原子能机构和联合国开发计划署（UNDP）的支持下，土耳其建立了世界上第一个工业规模的辐照谷物示范工厂，该工厂在 1967 年正式运行。

1966 年，在德国召开了第一届国际食品辐照研讨会，共有来自 28 个国家的代表出席会议，交流在食品辐照方面的研究进展。1969 年，在日内瓦召开了联合国粮农组织、国际原子能机构和世界卫生组织联合专家委员会会议，讨论了“辐照食品的卫生安全性和推广应用问题”，会议暂定批准辐照小麦及其制品和马铃薯可供人类食用。这是辐照食品的卫生安全第一次得到国际组织认可，对食品辐照技术在国际范围的推广和应用发挥了积极的推动作用。

总的看来，20 世纪 50 年代和 60 年代，公众对食品辐照技术的应用持较为积极的态度。尽管食品辐照技术的商业化应用在这一阶段遇到了一些问题，但食品辐照技术还是得到了广泛关注，并对其进行了一定规模的研究和示范。在这一阶段，苏联、加拿大和美国等国家相继批准了 5 种辐照食品供人们食用。

3. 辐照食品的卫生安全性

随着研究的不断深入，辐照食品在技术上逐步发展成熟，并基本具备了商业化应用的条件。但 20 世纪 70 年代，国际上掀起的反核运动对原子能和平利用产生了负面的影响，在一定程度上也影响了食品辐照技术的商业化发展。最为典型的是辐照食品的发展不得不面对公众的偏见、媒体的误导和食品卫生部门的严格控制。辐照食品的卫生安全问题已成为制约食品辐照技术商业化发展的主要障碍，引起有关国际组织和各国政府的重视。鉴于此，这一时期全球都加强了对辐照食品卫生安全性的研究。

1970 年，联合国粮农组织、国际原子能机构和经济合作与发展组织共同发起了辐照食品卫生安全性研究的国际项目（IFIP），世界卫生组织也参与了该项目研究的咨询工作，开始有 19 个国家参加该项目研究，随后增加到 24 个。主要研究内容包括长期的动物饲养试验、短期的分析对比试验和 10 kGy 以下的辐照处理对食品化学成分和营养的影响。项目的研究结果将成为联合国粮农组织、国际原子能机构、世界卫生组织辐照食品联合专家委员会(JECFI)评估辐照食品卫生安全性的重要依据。

1972年,联合国粮农组织、国际原子能机构和世界卫生组织在印度孟买联合召开了第二次国际辐照食品保藏会议,参加会议的国家和地区达到55个,其中参会的发展中国家数量明显增加。1976年,辐照食品联合专家委员会首次阐明:“食品辐照加工技术同热加工和冷藏加工一样,实质上是一种物理加工过程。辐照食品卫生安全性评价涉及的问题,应该与食品添加剂和食品污染遇到的问题区别开来。”在这一研究结论的基础上,该委员会同年审查并批准8种(类)辐照食品可供人类消费,其中无条件批准了小麦及其制品、马铃薯、鸡肉、番木瓜、草莓的辐照,暂定批准了洋葱、鳕鱼和鲱鱼及大米的辐照应用。

1980年,辐照食品联合专家委员会在日内瓦再次召开会议,讨论辐照食品卫生安全问题。与会专家根据长期的毒理学、营养学和微生物学资料以及辐射化学分析结果,提出“任何食品辐照保藏的平均吸收剂量最高达10 kGy时,不会有毒害产生,用此剂量处理的食品可不再要求做毒理学试验”。这是辐照食品卫生安全性研究领域的重大突破,对推动食品辐照技术发展和应用具有划时代的意义。

1983年,国际食品法典委员会(CAC)通过《国际辐照食品通用标准》和附属的技术法规。1984年,联合国粮农组织、国际原子能机构和世界卫生组织成立了辐照食品国际咨询小组(ICGFI)。辐照食品国际咨询小组的主要职能是评估全球食品辐照领域的发展状况,出版有关辐照食品安全性、辐照设施控制、辐照食品商业化、食品辐照法规、辐照食品接受性的材料,举办各类食品辐照培训班,并建设介绍食品辐照技术和辐照食品的专业网站(www. iaea. org/icgfi)。

1988年12月,国际原子能机构、联合国粮农组织、世界卫生组织以及联合国贸易发展会议和关税及贸易总协定下属的国际贸易中心(UNCTAD/GATT/ITC)在日内瓦联合召开了主题为“辐照食品接受、控制及贸易”的国际会议。大会制定了有关辐照食品接受、控制及在成员国之间进行贸易的文件；评价了食品辐照加工技术对减少农产品收获后的损失和降低由食品引起的疾病发生率的作用，以及其对国际食品贸易的影响。世界卫生组织提出将食品辐照技术称为“保持和改进食品安全性的技术”，并鼓励各国大力开展食品辐照技术的应用研究。

虽然辐照食品的卫生安全性得到了国际认可，但各国对于辐照食品卫生安全性的疑问依然存在。应成员国的请求，世界卫生组织成立了一个独立的专家工作组评估辐照食品研究的结果，并对辐照食品联合专家委员会（JECFI）的评估材料进行分析。经过大量工作，该工作小组评估的最终结论是“食品辐照技术是一项被充分研究的技术，有关辐照食品安全性的研究表明至今没有发现任何有害作用。通过延长货架期并杀灭病原菌和有害寄生虫，食品辐照将有助于确保食物的卫生安全。只要执行食品辐照的工艺规范，食品辐照就是安全和有效的，辐照的食品也是卫生安全的”。

在确定辐照食品卫生安全的基础上，国际原子能机构和联合国粮农组织积极推动食品辐照技术的经济可行性研究。1985—1988 年，日本和澳大利亚支持了亚太地区食品辐照的合作项目（RPFI），共有 12 个国家和地区的食品工业部门参加了具有中试规模的试验。欧洲、美洲、非洲和中东地区的许多国家进行了食品辐照技术应用的中试试验或技术经济可行性研究，为食品辐照技术的商业化发展奠定了基础。

4. 食品辐照技术的商业化应用

20 世纪 90 年代，大规模食源性病原菌导致的食物中毒事件引起了国际社会对食品安全的高度关注。同时，食品辐照技术因其对食品安全保障的独特作用而受到重视。美国的食品企业在经历了对辐照食品的观望后，加快了食品辐照技术商业化应用的步伐。与此同时，发展中国家在国际原子能机构的支持下，纷纷建立起各自的商业化食品辐照设施，形成相应的食品辐照技术法规和卫生标准。香辛料和脱水调味品的辐照率先在许多国家得到商业化应用。全球辐照食品的数量和品种快速增加,食品辐照技术应用进入了全面发展时期。

1994 年乌拉圭回合多边谈判(URMTN)中的卫生与植物卫生协议(ASPM)规定:从 1995 年起,WHO 成员国必须提出充分的理由才能对符合国际标准、规格及推荐指标的辐照食品实施进口限制。这一规定旨在消除辐照食品国际贸易的障碍和技术性壁垒。

1997 年,由联合国粮农组织、国际原子能机构和世界卫生组织组成的高剂量辐照食品研究小组评估了 10 kGy 以上的高剂量辐照对食品安全的影响。研究结果表明:食品辐照加工同其他食品加工的物理方法一样。辐照食品的卫生、营养和感官品质取决于加工的综合条件,在实际辐照操作中保证食物安全的剂量一般都低于影响食品感官品质的剂量。因此,高剂量辐照食品研究小组认为没有必要设定食品辐照剂量的上限。在合理的辐照工艺剂量条件下,辐照食品的加工剂量由影响食品卫生、营养和感官品质要求的技术参数决定。1999 年,高剂量辐照食品研究小组经过长期的研究工作,明确得出超过 10 kGy 剂量的辐照食品也是卫生安全的结论。在 2000 年辐照食品国际咨询小组年会上,食品法典委员会提出:对任何食品的辐照应在规定的工艺剂量范围内进行,其最低剂量应大于达到工艺目的所需要的最低有效剂量,最大剂量应低于综合考虑食品的卫生安全、结构完整性、功能特性和品质所确定的最高耐受剂量。

20 世纪 90 年代辐照检疫处理方法逐步得到北美植物保护组织(NAPPO)、欧洲植物保护组织(EPPO)和亚太地区植物保护委员会(APPPC)等国际组织的认可。东盟国家于 1999 年在马尼拉通过了辐照检疫处理新鲜水果和蔬菜的草案。1997 年 7 月,美国农业部批准了经辐照检疫处理的夏威夷木瓜到美国大陆销售。2002 年美国农业部正式批准进口水果和蔬菜的植物卫生辐照处理法规,使美国成为世界上第一个批准在食品国际贸易中进行辐照检疫处理的国家,同时推动了国际上利用辐照检疫替代熏蒸检疫处理方法的进程。

2003年5月,在美国芝加哥召开了第一届世界食品辐照大会,共有来自22个国家和地区的食品辐照研究机构、政府部门、食品加工企业、食品贸易组织、餐饮企业和消费者组织等的代表出席了会议。在会上进行的7项问卷调查中,辐照食品名列“最具发展前景”“公众关注”“市场潜力”“产业规模”和“贸易需求”5项第一。同时各国代表还交流了食品辐照在法规协调、辐照设施建设、辐照检疫、辐照食品商业化和国际贸易等方面的进展,讨论了辐照食品面临的机遇和今后的发展方向。这次会议对食品辐照技术的应用和辐照食品贸易在全球的发展起到了积极的推动作用。

2003年7月,国际食品法典委员会(CAC)在意大利罗马召开了第26届大会,会议通过了修订后的《辐照食品国际通用标准》(CODEX STAN 106 - 1983,Rev. 1—2003)和《食品辐照加工工艺国际推荐准则》(CAC/RCP 19 - 1979,Rev. 1—2003)。该次会议突破了食品辐照加工中10 kGy最大吸收剂量的限制。在对食品结构的完整性、功能特性和感观品质不产生负面作用,并且不影响消费者健康安全的情况下,允许食品辐照的最大剂量高于10 kGy,以实现合理的辐照工艺目标。

(二) 我国食品辐照技术的发展和现状

我国辐照食品研究始于20世纪50年代。由中国科学院同位素应用委员会组织的12个单位对稻谷的辐照杀虫、马铃薯辐照抑芽进行研究并取得重要进展。1977年国家科委五局在成都举办的“第一次全国辐照保藏食品专业座谈会”对我国辐照食品的研究起到了巨大的推动作用。1984年国家卫生部正式颁布了马铃薯、洋葱、大蒜、大米、香肠、蘑菇、花生这7种辐照食品的卫生标准,并批准上市销售。1996年卫生部颁布了《辐照食品卫生管理办法》,进一步鼓励对进口食品、原料及6大类食品进行辐照处理。1997年按类重新批准了6大类食品的辐照卫生标准,2001年制定和颁布了17个辐照食品加工工艺标准。2002年农业部成立了辐照产品质量监督检验测试中心,以加强对全国辐照产品和辐照设施的管理。2003年国家农业部又批准制定了5个包括水产品在内的饲料、茶叶等辐照工艺的行业标准。2006 年农业部发布 3 个、审定通过 1 个农业部行业标准。这些工作的相继开展为我国辐照食品与国际接轨,逐步纳入法制管理的轨道,确保辐照食品质量,促使食品辐照行业健康发展创造了良好的条件。

食品辐照技术作为一种环保、安全、高效的食品加工技术,已被越来越多的食品辐照商业化的成功实践所证明,被越来越多的国家和人民所认可。

据统计数据表明,1995—1997 年,我国辐照食品主要是大蒜、调味品和脱水蔬菜,产量均在 4 万吨以上。1998 年我国颁布批准了 6 大类辐照食品的卫生标准,在 28 个省市自治区建立了 50 多座商业化规模的辐照装置。2002 年底我国辐照装置已达 64 座,经过辐照处理的食品已超过 10 万吨,位居世界第一,直接产值超过 20 亿元人民币,我国食品辐照已步入商业化应用阶段。2005 年我国 11.1 PBq 以上的商用 γ 辐照装置已达 84 座,功率 5 kW 以上的电子加速器已达 83 台,辐照食品产值达 35 亿元人民币,产量达 14.5 万吨,占世界辐照食品产量(40 万吨)的 36%,居世界首位,此时我国辐照食品种类已达 7 大类 56 个品种,包括谷物、豆类及其制品辐照杀虫;干果、果脯类辐照杀虫杀菌;熟畜禽肉类食品辐照保鲜;冷冻包装畜禽肉类辐照保鲜;脱水蔬菜、调味品、香辛料类和茶的辐照杀菌;水果、蔬菜类辐照保鲜;鱼、贝类水产品类辐照杀菌等。

食品工业是世界各国销售额最大的工业之一,辐照食品的总量由 2000 年的 25 万吨增至 2005 年的 40 万吨,近年来增长更为迅速,但相对于庞大的食品消费市场而言,辐照食品的规模还很小,发展潜力巨大,在增强食品安全和促进国际食品贸易方面前景广阔。展望 21 世纪我国的食品辐照加工业,既有机遇,又有挑战,今后应加强对食品辐照技术优势的宣传,让公众更多地了解该加工技术的优势,让更多的消费者接受辐照食品,以推动食品辐照技术应用的商业化。

四、食品辐照加工的地位和作用

（一）辐照食品加工的地位

近年来由于微生物、致病菌、生物毒素和化学污染引发的严重的食源性疾病（如大肠杆菌 O_{157}：H_7、疯牛病等）事件的暴发，威胁到人类的生存和发展，引起世界各国政府和科学界的重视，因而研究和寻找新的食品保藏方法刻不容缓。以辐照加工技术为基础，运用 γ 射线、X 射线、电子束等电离辐射产生的射线与物质作用产生的物理效应和生物效应的食品保藏技术，在生产中越来越受到重视。

（二）辐照食品加工的作用

食品辐照加工技术具有不添加任何化学物质、食品不会被污染、不存在残留，并且极大地提高食品的安全性等特点。随着生活水平的逐步改善，人们对生活的品质要求也越来越高，绿色食品、保健食品成为食品发展的热点，需求量不断增加。对于绿色食品的发展，其保质保鲜的加工技术要求将更为严格，辐照食品加工技术的独特优点满足其工艺要求，其应用研究将会成为绿色食品加工业中的主要技术依靠，具有巨大发展潜力。对于保健食品的发展，其生产原料和成品的灭菌、保证产品质量符合国家卫生标准是一个必须解决的问题。在保健品中，有的产品含有高分子挥发物质，有的是活性物质，有的是发酵产物，有的是未经任何加工的生粉，保鲜技术方面的难度很大，因此可以利用辐照灭菌这一冷加工技术，选择性杀灭其中的微生物，使其产品达到国家卫生标准。

食品辐照加工经过几十年的研究工作，已步入商业化应用阶段。食品辐照加工技术成为减少产后损失、减少食源性疾病、解决检疫中问题的一种有效方法，安全性已经得到国际社会认同，尤其是近年来在美国及其他一些地区暴发的由致病菌引起的食源性疾病，通过辐照处理解决了问题，提高了大家对食品辐照加工技术的认可。世界上许多地区都已经认为食品辐照是控制致病菌感染食品引起食源性疾病的最好方法，食品辐照加工技术已经被认为是保证食品安全的有效方法。食品辐照技术以其显著的辐照效果，充分说明了它是当前各种贮藏保鲜方法中崛起的一种新方法，尤其是在冷加工中保障安全方面是目前无法替代的。

第二节　辐照食品的卫生安全性

一、感生放射性和放射性污染

对于感生放射性（当辐射剂量超过一定限度时，会发生次生放射现象）与放射性污染问题，应明确辐照食品与放射性食品的严格区别。放射性食品是指在食品生产加工过程中受到放射性物质污染的食品。而食品辐照过程中，作为辐照源的放射性物质是被密封于钢管内的，管内物质不能散发出来，只是透过钢管壁后的射线照射在受照的带包装的食品上，食品并没有和放射源直接接触，因此，食品经过辐照后不存在放射性污染问题。

人们关心的另一个问题是辐照食品的感生放射性问题。我们生活的环境包括食品中均含有一定的天然放射性物质，食品中的天然放射性来自食品中的^{40}K、^{32}P、^{226}Ra等放射性元素。食品中的天然放射性很低，一般为150～200 Bq/kg，其含量与食品的来源与种类有关。

在辐射化学中，只有辐射能级达到一定的阈值后才能使被放射物质产生感生放射性。组成农产品的基本元素C、N、O、P、S等变成放射性核素，需要10 MeV以上的高能射线进行照射。目前食品辐照使用的^{60}Coγ射线的能量为1.32 MeV和1.17 MeV，^{137}Cs的射线能量仅有0.66 MeV，低能量电子束辐照的能量也在10 MeV以下。由于这些辐射源产生辐射的能量水平均低于诱发食品中元素产生的显著放射性所需的能量水平，因而，辐照食品不可能产生感生放射性问题。食品中含有可能或“容易”生成放射性核素的其他微量元素，如锶、锡、钡、镉和银等，这些元素在受到照射后，有可能产生寿命极短的放射性核素，但是只要控制射线的能量，就能做到绝对不引起感生性放射，并且，FAO /IAEA/WHO食品辐照联合专家小组在审议辐照食品的安全性时提出了食品辐照源和剂量的规定，在 CAC 的《国际食品辐照通用标准》中规定了照射辐照食品的射线能量，其中机械产生的加速电子能量在 10 MeV 或小于 10 MeV；X 射线和 γ 射线小于5 MeV。在上述能量范围内，即使使用高辐照剂量，产生的感生放射性的核素的寿命也很短，放射性仅为 0.001 Bq，是食品中的天然放射性的 20 万分之一至 15 万分之一。因此，受辐照的食品是否产生感生放射性是完全没有必要担心的问题。

二、食品主要成分的辐射化学和营养卫生学

食品的主要成分是水分、碳水化合物、蛋白质、脂肪及其衍生物、无机物、矿物质以及各种有机物质组成的一类物质（维生素、酶、乳化剂、酸、氧化剂、色素）等。辐照食品的营养成分检测表明，低剂量辐照处理不会导致食品营养品质的明显损失，食品中的蛋白质、糖和脂肪保持相对稳定，而必需氨基酸、必需脂肪酸、矿物质和微量元素也不会有太大损失。从卫生安全角度考虑，对辐照食品我们应该做到了解食品辐照以后营养成分是否发生了变化，发生了什么变化及该变化可能导致什么有害的结果，从而对辐照食品的营养价值和安全性做出正确的评价。

（一）辐照对水分的影响

水分广泛存在于各类食品中，其存在形式有两种：一种是结合水，另一种是游离水。前者不易失去，后者容易失去。水分子对辐照很敏感，接受射线能量后，首先被电离激活，随后产生中间产物（如水合电子、氢原子自由基、羟基自由基、氢原子、羟基离子、过氧化氢分子等），在有氧存在时，还形成过氧化氢自由基。水辐照的最后产物是氢气和过氧化氢。

水的辐照中间产物对食品和其他生物物质辐照效应有着重要的影响，因为它们可以和其他有机体的分子接触而进行反应。食品中的水溶性维生素，生物细胞中的决定其生命现象的各种生物化学的活性物质是以溶于水中的状态存在的。这些物质经照射受到直接作用和间接作用后，其生化活性将降低，加之以后的代谢作用，导致损伤扩大，破坏了细胞的生活机能。可见辐照对水的分解

产物有着重要的作用。

（二）辐照对蛋白质的影响

蛋白质是生物体内具有多级结构和独特性质的物质，是生物体的重要组成部分，其基本组成单位为氨基酸。蛋白质分子受到辐照很容易使它的二硫键、氢键、盐键、醚键断裂，破坏蛋白质分子的三级结构、二级结构，改变蛋白质的物理性质。辐照引起的蛋白质分子的化学变化主要有脱氨、放出二氧化碳、硫氢基的氧化、交联和降解。

国内外大量研究表明，辐照会使氨基酸发生变化，但是在食品辐照中所使用的剂量范围，不会使蛋白质食品中的氨基酸组分发生明显的变化，所以辐照不会造成蛋白质营养价值可察觉的损失。

（三）辐照对糖类的影响

一般来说，对于碳水化合物，辐照处理是相当稳定的。糖类只有在接受大剂量辐照过程中，才会发生氧化和分解。

辐照糖类可产生熔点降低和旋光性改变的变化。吸收谱在260～280 nm范围内，吸收强度也随时间减少。辐解产物有H_2、CO、CO_2、H_2O、CH_4、甲醛、乙醛、丙酮、丙醛等。辐照固态的糖会产生具有氧化性的化合物，这也能够说明在氧饱和的水中溶解辐照糖块，其pH会降低。在辐照糖的水溶液中，水自身辐解产物的间接作用代替了对糖类的直接作用，尤其是最容易起反应的自由基，如羟基自由基。与固态糖类的辐解产物相类似，其旋光性和折射率都会降低。辐照单糖水溶液会产生H_2、CO、CO_2、甲醛、丙醛、乙二醛、糖聚合体、脱氧化合物等。如果有些辐解产物的浓度较高，会表现出一定的致癌性风险。辐照低聚糖和多糖，除了上面提及的反应外，还发生糖苷键的断裂。多糖如淀粉被辐照后，黏度会降低；若辐照剂量高，淀粉连凝胶都不能形成，淀粉颗粒变得很脆易碎，增加了α-淀粉酶的反应。如果辐照富含糖类的食物，有可能会形成少量对人体有潜在危害的物质（诸如甲醛、丙醛、脱氧糖类），然而由于受辐照食物其他成分不断反应和相互保护的影响，这些有害物质的含量是非常低的。总之，在辐照加工中，由于辐照剂量大多控制在 10 kGy 以下,所以糖类的辐照降解和辐解产物是极其微量的。

(四) 辐照对脂肪的影响

脂肪是食物成分中最不稳定的物质,因此对辐照十分敏感。辐照可以诱导脂肪加速自动氧化和水解反应,导致令人不快的感官变化和必需脂肪酸的减少,而且辐照后过氧化物的出现对敏感性食物成分(如维生素)有消极的影响。

辐照脂肪的变化幅度和性状取决于被辐照食品的组成、脂肪的类型、不饱和脂肪酸的含量、辐照剂量和氧的存在与否等。一般来说,辐照饱和脂肪相对稳定,不饱和脂肪则容易发生氧化,氧化程度与辐照剂量成正比,当有氧存在时脂肪则发生典型的连锁反应。通过试验对比不同性状的动物和植物脂肪,发现某些脂肪对辐照表现出很高的稳定性。脂溶性 V_A 对辐照和自动氧化过程比较敏感,一般把 V_A 选为评判脂肪辐照程度的标准。此外,也可以用酸价和过氧化值的变化来评定。有证据表明:与植物脂肪相比,辐照动物脂肪更适宜,因为它对自动氧化过程具有较高的抗性,这是通过测定过氧化值得出的。大量试验表明,在剂量低于 50 kGy 时,处于正常的辐照条件下,脂肪质量的指标只发生非常微小的变化。

(五) 辐照对维生素的影响

维生素对辐照很敏感,其损失量取决于辐照剂量、温度、氧气和食物类型。一般来说,辐照在低温缺氧条件下可以减少维生素的损失,在低温密封状态下也能减少维生素的损失。

不同种类的维生素受辐照的影响程度不一样,水溶性维生素对辐照敏感性从大到小排列如下:硫胺素 B_1 > 抗坏血酸 C > 吡哆醇 B_6 > 核黄素 B_2 > 叶酸 > 钴胺素 B_{12} > 尼克酸。水溶性维生素对辐照的敏感性主要取决于它们是处水溶液中,还是在食品中,或者它们受食品中其他化学物质的保护作用,其中包括维生素彼此的保护作用。脂溶性维生素对辐照均很敏感,其敏感性从大到小排列如下:V_E > 胡萝卜素 > V_A > V_K > V_D。脂溶性维生素对辐照的敏感性主要取决于其所在的环境条件(如浓度、介质中氧含量、有无竞争性自由基的其他化合物存在,溶剂的种类和性质等)。

三、辐照对食品生物活性的影响

食品卫生与存在于其中的生物活体的种类和数目的多少有密切关系。射线对生物体的影响极为复杂,辐照损伤主要是与代谢损害有关。生物体对辐照反应的一个重要方面,是它具有恢复健康避免损伤的能力,这种能力与许多因素有关,最重要的是辐照的总剂量,过高剂量的辐照能使它失去恢复健康的能力。

生物界对辐照的敏感性的总趋势是,物种演变越高等,其机体组织机构越复杂,其对辐射敏感性亦逐渐增加。

病毒具有最大的耐辐射性,微生物中带芽孢菌次之,不用大剂量就不能杀死。与此相反,病原菌类一般是弱的,用较低剂量可以杀死,但细菌所分泌的毒素却不能被射线破坏。最高等的生物——人在 0.007 kGy 就会死亡。

存在于食品中的活的生物体能影响食品的卫生质量和安全性,从食品辐照的观点看,主要是病毒和立克次氏体,细菌、霉菌和酵母,昆虫和蠕虫。

(一) 病毒

一般认为病毒是最小的生物体,并且是一种具有严格的细胞内寄生性古生物,它自身没有代谢能力,但一进入细胞后能改变细胞的代谢机能,产生新的病毒成分。对于食品辐照来说,人们主要关心的是辐照能否钝化那些影响人体健康的病毒。

一般用高剂量的辐照才能使病毒钝化,通常热处理可以使病毒失活,在热处理还不能达到目的时,使用辐照处理可以作为减少和消灭动物性食品中病毒的一种手段,即辐照有利于检疫处理。一定剂量的辐照能杀死某些病毒,且目前没有发现辐照引起食品中任何病毒毒性增加的例子。

(二) 细菌

细菌能使食品腐败、变质、变味。某些致病菌能感染人及动物,有的菌体还能在食品中产生毒素贻害于人。辐照的直接或间接效应是能够破坏微生物,所涉及的条件包括辐照剂量的大小、菌种及其菌株、菌数和微生物浓度、培养基的化学组成、培养基的物理状态,以及食品辐照后的贮藏条件等。

电离辐照杀灭微生物一般以一定灭菌率所需用的 rad 来表示,通常以杀灭微生物数量的90%计,即残存微生物数量下降到原来数量的10%所需的剂量,并用 D_{10} 表示。微生物种类不同,对辐照的敏感性也各不相同,因而 D_{10} 值也不同。如大肠埃希菌在肉汁培养基中的 D_{10} 值为 10 ~ 20 krad;金黄色葡萄球菌在肉汁培养基中的 D_{10} 值为 10 krad;肉毒梭状芽孢杆菌 B53 型在咸肉罐头中的 D_{10} 值为 204 krad,而在咸鸡罐头中则为 369 krad。

辐照并不能除去微生物毒素,如黄曲霉毒素对 γ 射线辐照相当稳定,以 30 Mrad 大剂量辐照后毒素含量变化不大。

(三) 酵母和霉菌

食品中经常出现酵母和霉菌,它们大量的生长会使食品发生不良变化并引起腐败。尤其在水果和谷物中,某些霉菌(如黄曲霉)会产生黄曲霉毒素并具致癌性,而有些品系的酵母和霉菌在生产诸如干酪和中国传统发酵酿造调味品时又是很有用的。

酵母和霉菌较之一些芽孢细菌对辐照更为敏感,不同品系之间存在着巨大差异,控制酵母引起腐败所需的剂量为 4.65 ~ 20 kGy,对霉菌的剂量仅为 2.5 ~ 6.0 kGy。

(四) 昆虫

昆虫所污染的食品一般不适宜供人消费,将昆虫污染的食品从一个地方运到另一个地方就会造成昆虫的传播,可以采用熏蒸或辐照使有害昆虫不能存活。

辐照是控制食品中昆虫传播的一种有效的手段。昆虫对辐射的敏感性应与其组成细胞的效应密切相关。对于细胞来说,辐射敏感性与它们的生殖活性成正比,与它们的分化程度成反比。幼虫期昆虫,其细胞几乎没有发生分裂,细胞的分裂与组织分化都发生在卵的胚胎发育期,正好在蜕皮前一个短时间及其后形成蛹的阶段也有类似情况。成虫对辐照总是不太敏感的,但是,成虫的代谢活性细胞,如性腺对辐照是敏感的。因此,相对的低剂量会引起昆虫不育或产生遗传紊乱的配子,高剂量时才能致死。

辐照对昆虫总的损伤作用有致死、“击倒”(先是死亡,随后恢复)、缩短寿命、推迟羽化、不育、减少卵的孵化、延迟发育、减少进食量和抑制呼吸。这些效应都在一定剂量下发生。在另一些更低剂量下,甚至可能出现相反的效应,如延长寿命、增加产卵、增进卵的孵化和促进呼吸。

控制昆虫在食品中的传播,根据不同目的可以采用不同的剂量;3 ~5 kGy 辐照可以使昆虫直接致死;1 kGy 辐照可以使昆虫在数日内死亡;0. 25 kGy 可使昆虫在数周内死亡,并使存活昆虫不育。

一次给足辐照剂量,其辐照效果要比分次逐步增加的好。对某些昆虫来说,辐照前升高温度,可增加其对辐照的敏感性。降低大气氧压将增加昆虫的耐辐照性。

(五)食源性寄生虫

食源性寄生虫包括寄生性蠕虫,它们能够通过某些食物传染,其中有些可以传染给人,因此当食品中有这类寄生虫时应特别关注。辐照是对这种传染性的食物进行防治的可行方法。

食源性寄生虫在生命周期中表现出几种体型,辐照对任何一种体型都有效。对幼虫来说,随着剂量的增加辐照效应表现为:雌性成虫的不育;抑制正常的成熟、局限化和死亡。使旋毛虫不育的剂量约为0. 12 kGy;抑制其成熟需要0. 2 ~0. 3 kGy;致死约需要7. 5 kGy。使牛肉绦虫丧失生物需要3 ~5 kGy。可见,控制这些寄生虫的生长和生殖需要的辐照剂量并不太大。

四、辐照食品的检测方法

辐照食品检测是利用电离辐射与食品的相互作用产生的物理、化学和生物反应的可检测性而建立的鉴定辐照食品的方法。目前应用的主要方法有化学法、发光法和电子自旋共振(ESR)分析等方法。2001 年 CAC 批准了由欧盟提出的“辐照食品鉴定方法”的国际标准。该标准给出了5 种辐照食品的鉴定方法:对于含有脂肪的辐照食品采用气相色谱测定碳水化合物的方法;采用气质联机测定2—环丁酮含量;采用电子自旋共振仪(ESR)分析方法鉴定含有骨头、纤维素的食品;采用热释光的方法测定可分离出硅酸盐矿物质的食品。

(一)利用辐射产生的化学效应检测辐照食品

电离辐射与食品物质相互作用,可在食品组分上诱发复杂的化学变化,这些变化是由自由基过程产生的。不是所有化学变化的结果都能用来指示食品是否已被辐照,只有其中的一些辐照专一性辐解产物,一些在食品辐照前后含量有明显变化的物质,以及辐照在食品组成上诱导的某些化学特性,才能用于辐照食品的检测。

1. 含脂类辐照食品的检测

(1)利用挥发性碳氢化合物检测含脂辐照食品

虽然在未辐照的脂肪中也存在挥发性的产物,但它们的碳链长度比辐照生成的要短得多,即二者产物的定量分布十分不同。因此,Cn—1、Cn—2的烷烃和烯烃以及Cn醛可认为是辐照专一产物。此法适用于所有含脂食品,包括含脂量很低的食品。

(2)利用2—烷基—环丁酮检测含脂辐照食品

2—烷基—环丁酮只存在于辐照的甘油三酸酯中,而不存在于加热或氧化的脂肪中。因此,2—烷基—环丁酮可作为含脂食品辐照的标志化合物。至今已有一些国家的实验室使用这个方法检测。CAC也采用了此方法。

2—烷基—环丁酮在贮藏条件下很稳定,且在商用剂量范围内其生成量与吸收剂量呈线性关系,因此可利用产物浓度—剂量标准曲线估算被照食品的吸收量。

2. 含蛋白质类辐照食品的检测

对蛋白质的辐解及其辐解产物已进行了大量研究,涉及游离氨基酸、多肽、蛋白质及含蛋白质的食品,随着技术的发展,由原来的集中研究挥发性产物扩大到非挥发性产物的研究上,使人们对蛋白质食品辐照过程有了更深的认识。一些研究表明,邻酪氨酸、间酪氨酸是蛋白质辐照的专一产品,其中邻酪氨酸的含量最大,并可用气相色谱方法与天然的对酪氨酸分离，因而可选用邻酪氨酸作为检测蛋白质食品辐照的探针。

3. 利用核酸的辐射化学变化检测辐照食品

DNA 是一种对辐射敏感的细胞的靶子物质。已知 DNA 的变化可引起微生物钝化、杀虫、抑制发芽和延缓某些水果的成熟等。因此，在微生物或昆虫中的 DNA 变化以及食品中核酸的变化应该是可检出的。由于大多数食品来源于含 DNA 的生命有机体，因此，如果 DNA 的变化是辐照专一的，则 DNA 检测辐照食品方法有着广阔的适用性。辐照在 DNA 分子上产生的化学变化主要包括碱基的化学修饰、DNA 螺旋变性作用以及单链和双链的断裂等。根据上述变化，已发展了多种检测辐照食品的方法。

（二）利用生成的长寿命自由基检测辐照食品，电子自旋共振法（ESR）

电离辐射是产生自由基的重要手段，在电离辐射作用下形成的原初产物——激发分子、正离子和电子都能进一步反应产生自由基。在一个体系中，大多数自由基的寿命很短，它们可通过自由基相互反应很快消失。而一些特殊的体系（干燥固体样品）或含有硬组织（如骨头、硬果壳、籽、核等）的体系中，辐照在这些部位产生的自由基通常有较长的寿命，它们对辐照食品具有检测意义。

自由基含有未成对电子，具有净电子自旋角动量，因此可用电子自旋共振 ESR 波谱技术测定。ESR 可成功地用于某些含骨头或钙化组织的辐照食品的检测，也可用于其他干燥食品和香辛料调味品的辐照检测。该法具有准确、灵敏，可检测用 0.2 kGy 剂量辐照的食品，并可用以估测受照食品的吸收剂量的优点，但在测量前必须将样品研磨成一定大小的颗粒，此过程本身可产生自由基。另外，ESR 设备昂贵并需要专业技术人员操作。

（三）利用热释光和化学发光技术检测辐照食品

测量热释光和化学发光是辐射剂量学中使用的两个常规技术。目前，这种方法已能用于许多干燥食品的检测。由各种物质组成的固体样品，用电离辐照后，可在与水或溶液接触时产生光发射,也可在被加热到 50 ~ 400 ℃时产生光发射,前者为化学发光(CL),后者为热释光(TL)。

热释光现象普遍存在于辐照和未辐照的固体样品中,因此要区分辐照和未辐照样品,就需要一个建立在广泛实验基础上的阈值。将未知样品的 TL 强度值与阈值比较,若未知样品的 TL 强度值大于阈值,则此样品是辐照过的,反之则是未辐照过的。与 TL 方法一样,每种样品建立一个阈值。未辐照样品中测得的最大 CL 值,乘以 2 ~4 倍的安全系数作为阈值。若待检样品的 CL 强度值大于它的阈值,则此样品是辐照过的,反之则是未辐照过的。为了确保提供的分析检测结果的可靠性,可采用两种或两种以上的检测方法进行检测。

第三节　辐照技术在食品中的应用

辐照技术应用于食品原料及其制品的保藏中,包括新鲜肉类及其制品、水产品及蛋制品、粮食、水果、蔬菜、调味品、饲料以及其他加工产品,进行杀菌、杀虫、抑制发芽、延迟后熟等处理,从而最大限度地减少营养的损失,使它在一定限期内不发芽、不腐败变质、不发生食品的品质和风味的变化,由此增加食品的供应量,延长食品的保藏期。

一、应用于食品上的辐射类型

在食品辐射保藏中,按照所要达到的目的,把应用于食品上的辐射分为三大类,即辐射阿氏杀菌、辐射巴氏杀菌和辐射耐贮杀菌。

1. 辐射阿氏杀菌(radappertization)

此杀菌方式也称商业性杀菌,所使用的辐射剂量可以使食品中的微生物数量减少到零或有限个数。经这种辐射处理以后,食品可在任何条件下贮藏,但要防止再污染。辐射阿氏杀菌为高剂量辐照处理,剂量范围为 10 ~500 kGy。

2. 辐射巴氏杀菌(radicidation)

此杀菌方式只杀灭无芽孢病原细菌(除病毒外),所使用的辐射剂量使在食品检测时不出现无芽孢病原菌(如沙门菌)。辐射巴氏杀菌为中剂量辐照处理,辐照剂量范围为1~10 kGy。

3. 辐射耐贮杀菌(radurization)

这种辐射处理能提高食品的贮藏性,降低腐败菌的原发菌数,并延长新鲜食品的后熟期及保藏期。辐射耐贮杀菌为低剂量辐照处理,所用剂量在1 kGy以下。

表4-1为辐照在食品保藏上的应用,是按辐照的目的和效果来分类的,它们各有其相对应的辐照效应和适用的剂量范围。

表4-1 辐照在食品保藏上的应用

辐照强度	辐照目的	采用剂量/kGy	辐照食品
低剂量(1 kGy)	抑制发芽	0.05~0.15	马铃薯、大葱、蒜、姜、山药等
	杀灭害虫	0.15~0.5	粮谷类、鲜果、干果、干鱼、干肉、鲜肉等
中剂量(1~10 kGy)	推迟生理过程	0.25~1.00	鲜果类
	延长货架期	1.0~3.0	鲜鱼、草莓、蘑菇等
	减少腐败和致病菌数量	1.0~7.0	新鲜和冷冻水产品、生和冷冻禽、畜肉等
	食品品质改善	2.0~7.0	增加葡萄产量、减少脱水蔬菜烹调时间等
高剂量(10~50 kGy)	工业杀菌	30~50	肉、禽制品、水产品等加工食品,医院患者食品等
	某些食品添加剂和配料的抗污染	10~50	香辛料、酶制品、天然胶等

二、辐射技术在食品保藏中的应用

(一)果蔬类

果蔬辐照的目的主要是防止微生物的腐败作用,控制害虫感染及蔓延;延缓后熟期,防止老化。

蔬菜的辐照处理功效主要是抑制发芽，杀死寄生虫。在蔬菜中效果最为明显的是马铃薯和洋葱，它们经过0.05～0.15 kGy剂量处理可以在常温下贮藏1年以上，大蒜、胡萝卜也有类似的效果。为了获得更好的贮藏效果，蔬菜的辐照处理常结合一定的低温贮藏或其他有效的贮藏方式。如收获的洋葱在3 ℃的低温下暂存，并在3 ℃下辐照，辐照后可在室温下贮藏较长时间，又可以避免内芽枯死、变褐发黑。

辐照延长水果的后熟期，对香蕉、芒果等热带水果十分有效。比如用1 kGy剂量即可延长木瓜的成熟期，对芒果用0.4 kGy剂量辐照可延长保藏期8 d。水果的辐照处理，除可延长保藏期外，还可促进水果中色素的合成，如使涩柿提前脱涩和增加葡萄的出汁率。

通常引起水果腐败的微生物主要是霉菌，杀灭霉菌的剂量依水果种类及贮藏期而定。生命活动期较短的水果如草莓，用较小的剂量即可停止其生理作用，而对柑橘类来说，要完全控制霉菌的危害，剂量一般要0.3～0.5 kGy。

（二）谷物及其制品

谷物制品辐照处理的主要目的是控制虫害及霉烂变质。杀虫效果与辐照剂量有关，0.1～0.2 kGy辐照剂量可以使昆虫不育，1 kGy可使昆虫几天内死亡，3～5 kGy可使昆虫立即死亡。抑制谷类霉菌蔓延的辐照剂量为2～4 kGy，小麦面粉经1.75 kGy剂量辐照处理可在24 ℃以下保质1年以上，大米可用5 kGy辐照剂量进行霉菌处理，但剂量过高会导致大米颜色变暗。

（三）畜、禽肉及水产类

在畜类、禽类食品中，沙门菌是最耐辐照的非芽孢致病菌，1.5～3.0 kGy剂量可获得99.9%～99.999%的灭菌率；而对O_{157}：H_7大肠杆菌，1.5 kGy可获得99.9999%的灭菌率（D_{10}=0.24 kGy）；革兰阴性菌对辐照较敏感，1 kGy辐照可获得较好效果，但对革兰阳性菌作用较小。由于使酶失活的辐照剂量高达100 kGy，在杀菌辐照剂量范围内不能使肉中的酶失活，所以常常结合热处理和辐照来保藏鲜肉。例如用加热使鲜肉内部的温度升高到70 ℃，保持

30 min,使其蛋白分解酶完全钝化后再进行辐照。高剂量辐照处理已包装的肉类,可以达到灭菌保藏的目的,所用的剂量以杀死抗辐照性强的肉毒梭状芽孢杆菌为准。但肉类的高剂量辐照灭菌处理会使产品产生异味,味道的程度随品种的不同而不同,其中以牛肉的异味最强。辐照可引起畜肉、禽肉颜色的变化,在有氧存在时更为显著。

水产品辐照保藏多数采用中低剂量处理,高剂量处理工艺与肉禽类相似,但产生的异味低于肉类。为了延长贮藏期,低剂量辐照水产品常结合低温(3 ℃)贮藏。不同水产品有不同的剂量要求,如淡水鲈鱼在 1 ~2 kGy 剂量下,延长贮藏期 5 ~25 d;大洋鲈鱼在 2.5 kGy 剂量下,延长贮藏期 18 ~20 d;牡蛎在 20 kGy 剂量下,延长保藏期达几个月。世界卫生组织、联合国粮农组织、国际原子能机构共同认定并批准,以 10 ~20 kGy 辐照剂量来处理鱼类,可以减少微生物,延长鲜鱼的保质期。

(四)香辛料和调味品

天然香辛料容易生虫长霉,传统的加热或熏蒸消毒法有药物残留,且易导致香味挥发甚至产生有害物质。辐照处理可避免上述不良效果,控制昆虫侵害,减少微生物的数量,保证原料的质量。全世界至少已有 15 个国家批准了 80 多种香辛料和调味品进行辐照。

尽管香辛料和调味品商业辐照灭菌允许高达 10 kGy 的剂量,但实际上为避免导致香味及颜色的变化,降低成本,香料消毒的辐照剂量应视品种及消毒要求确定,尽量降低辐照剂量。例如,胡椒粉、快餐佐料、酱油等直接入口的调味料以杀灭致病菌为主,剂量可高些。

(五)蛋类

蛋类的辐照主要是应用辐射针对性杀菌剂量,其中沙门菌是对象致病菌。但由于蛋白质在受到辐照时会发生降解作用,因而辐射会使蛋液的黏度降低。因此,一般蛋液及冰冻蛋液用电子射线或 γ 射线辐照,灭菌效果比较好。而对带壳鲜蛋可用电子射线处理,剂量应控制在 10 kGy 左右,更高的剂量会使蛋带有 H_2S 等异味。

第五章 食品超高压技术

第一节 超高压技术概述

迄今为止,造成食品损耗的最主要原因仍然是微生物的危害,细菌性食物中毒发生的起数和中毒人数在整个食物中毒案例中也居第一位。因此,控制食品中的微生物是控制食品质量和人体健康的重要保证。传统食品领域控制微生物的方法原理主要有利用温度来控制微生物的生长繁殖(巴氏杀菌、超高温瞬时杀菌、湿热灭菌、电阻加热杀菌、冷藏等),改变食品的水分活度(干燥、浓缩等),利用波的能量(辐照杀菌、磁力杀菌、微波杀菌、超声波灭菌等),还有利用化学试剂(臭氧、次氯酸钠等),直接接触微生物而将其杀死。但通过升高温度来控制微生物的方法不适用于对热敏感的食品,对食品中对热敏感的营养物质的保持非常不利,会造成营养物质的流失并产生不良的风味变化;改变水分活度的方法应用范围非常有限;利用波的能量的方法也有资源消耗比较大,会对人体健康产生威胁等缺点;化学杀菌容易造成化学杀菌剂物质残留。于是,找到一种更先进的杀菌方法很有必要,食品超高压杀菌技术具有可以保持食品原有风味和营养的优点,还可以促进人体对食品营养物质的吸收,这种方法灭菌均匀,杀菌效果稳定,因此是一种值得深入研究的技术。此外,超高压技术在食品冷冻、解冻和物质提取等方面也有应用,相对于传统方法有诸多优势。

一、超高压技术的发展历史

超高压食品加工技术始于19世纪末,首先应用于食品杀菌;

1895 年,Rover 进行了超高压处理杀死细菌的研究;1899 年,美国科学家 Bert Hhe 发现在 450 MPa 压强下处理的牛奶的保鲜期会延长;1914 年,美国物理学家 Biagman 发现静水压下蛋白质的变性和凝固;1986 年,日本东京大学林力丸教授率先开展高压食品研究,提出超高压技术在食品工业中的应用,并于 1990 年生产出世界上第一个超高压食品——果酱。1991 年,日本开始试销超高压一号食品——果酱;1992 年,在法国召开高压食品专题研讨会;1992 年,美国开始建立商业化的超高压杀菌设备;1993 年,法国推出超高压杀菌鹅肝小面饼。多年的研究发现,超高压技术的优点主要有能够较好地保持被加工食品的营养品质、风味、色泽及新鲜程度;具有冷杀菌的作用;能够改善生物多聚体结构,调节食品质构,得到新物性食品;具有速冻和不冻冷藏效果;能够简化食品加工工艺,节约能源,加工原料利用率高,无"三废"污染。特别是当今社会对食品的营养越来越重视,能够保持食品营养水平的超高压技术将会越来越重要。超高压技术被誉为"当前七大科技热点""21 世纪十大尖端科技""食品工业的一场革命""当今世界十大尖端科技"等,英国已将超高压食品开发列为 21 世纪食品加工、包装的主要研究项目。在我国,超高压技术在食品工业的应用尚处于起步阶段,不过我国学者已经注意到超高压技术所具有的潜在价值,并开始了对超高压技术的研究。2003 年,"超高压低温灭菌工艺和设备"被列入国家 863 计划。

二、超高压技术的概念

超高压加工技术简称高压技术是指将食品物料置于弹性材料包装中 ,常以水或其他流体作为传压介质,在 100 MPa 以上的压力下进行处理从而使食品达到杀菌、灭酶甚至改性等目的的加工技术。其应用到食品加工中的原理是,基于食品物料中的生物大分子,如蛋白质、淀粉、DNA 和 RNA 等在超高压的环境下,被挤压体积逐步减小致使分子中的氢键、硫氢键、水化结构等发生变化或破坏从而引起蛋白质变性、酶失活、淀粉糊化,DNA 和 RNA 构象发生改变甚至断裂,最终导致生命活动停止。而瞬变高压技术应用到食品加工的原理是,基于高压泵对食品物料瞬时增压和卸压作用,使食品微生物疲劳破坏,从而达到杀菌、灭酶、改性等目的。

三、超高压技术及其加工食品的特点

与传统灭菌技术比较,超高压技术处理食品具有以下优点:第一,超高压处理不会使食品色、香、味等物理特性发生变化,不会产生异味,加压后食品仍保持原有的生鲜风味和营养成分。例如,经过超高压处理的草莓酱可保留95%的氨基酸,在口感和风味上明显超过加热处理的果酱。第二,超高压处理可以保持食品的原有风味,为冷杀菌,这种食品可简单加热后食用,有利于扩大半成品食品的市场。第三,超高压处理后,蛋白质的变性及淀粉的糊化状态与加热处理有所不同,从而获得新型物性的食品。第四,超高压处理是液体介质短时间内等同压缩过程,从而使食品灭菌达到均匀、瞬时、高效,且比加热法耗能低。例如,日本三得利公司采用容器杀菌,啤酒液经高压处理可将99.99%的大肠杆菌杀死。

与传统的化学处理食品(即添加防腐剂)比较,超高压技术处理食品的优点在于:第一,无须向食品中加入化学物质,克服了化学试剂与微生物细胞内物质作用生成的产物对人体产生的不良影响,也避免了食物中残留的化学试剂对人体的负面作用,保证了食用的安全性。第二,化学试剂使用频繁,会使菌体产生抗性,杀菌效果减弱,而超高压灭菌为一次性杀菌,对菌体作用效果明显。第三,超高压杀菌条件易于控制,受外界环境的影响较小,而化学试剂杀菌易受水分、温度、pH值、有机环境等的影响,作用效果变化幅度较大。第四,超高压杀菌能更好地保持食品的自然风味,甚至改善食品的高分子物质的构象。例如,超高压技术作用于肉类和水产品,提高了肉制品的嫩度和风味;作用于原料乳,有利于干酪的成熟和干酪的最终风味形成,还可使干酪的产量增加;而化学试剂没有这种作用。

(一)营养成分损失少

超高压处理只对生物高分子物质立体结构中非共价键结合产生影响,不会使食品色、香、味等物理特性发生变化,加压后的食品最大限度地保留了原有的生鲜风味和营养成分,并容易被人体消化吸收。传统的加热方式,均伴随食品在较高温度下受热的过程,都会对食品中的营养成分造成不同程度的破坏。

Muelenaere 和 Harper 曾经报告,在一般的加热处理或热力杀菌后,食品中维生素 C 的保留率不到 40%;即使使用挤压加工也只有约 70% 的维生素被保留。而超高压食品加工是在常温或较低温度下进行的,它对维生素 C 的保留率可高达 96% 以上,从而将营养成分的损失降到了最低。

(二)改善生物多聚体的结构,形成食品原特有的色泽和风味,不产生异味

超高压处理不仅可以最大限度地保持食品的原有营养成分,而且可以改变其物质性质,改善食品高分子物质的构象,包括蛋白质变性、酶的激活与灭活、凝胶的形成工艺及对于某些物质的降解或提取。加压处理后的蛋白质的变性及淀粉的糊化状态与加热处理的有所不同,从而获得新型物性的食品及食品素材。超高压能使蛋白质变性,使脂肪凝固并破坏生物膜,它还能改变蛋白质和肌肉的组织结构,影响淀粉的糊化。因此,尽管超高压在食品保藏领域距离商业规模应用还有一段距离,但作为一种食品质构调整的工具,超高压技术具有乐观的应用前景。

超高压会使食品组分间的美拉德反应速度减缓,多酚反应速度加快,而食品的黏度均匀性及结构等特性变化对高压较为敏感,这将在很大程度上改变食品的口感及感官特性,消除传统的热加工工艺所带来的变色发黄及热臭性等弊端。当人们食用前再加热时,会获得高质量原有风味的食物,该特点也是超高压技术最突出的优势。

从超高压处理肉类和鱼类制品的研究中发现,超高压可以使肉类和鱼类制品形成独特的色、香、味。300 MPa 或更高的压力引起鱼肉或猪肉呈现一种“烹煮”过的现象,但其风味却不受影响。在较低的压力下,还可以激活酶改善肉的嫩度。对于牛肉,80 ~ 100 MPa 的压力诱导产生的变化可以改善其在货架上颜色的稳定

性。通过对超高压处理的豆浆凝胶特性的研究发现,高压处理会使豆浆中蛋白质颗粒解聚变小,从而更便于人体的消化吸收。

(三) 原料的利用率高,无“三废”污染

超高压食品的加工过程是一个纯物理过程,瞬间压缩,作用均匀,操作安全,耗能低,有利于生态环境的保护和可持续发展战略的推进。超高压处理过程从原料到产品的生产周期短,生产工艺简洁,污染机会相对减少,产品的卫生水平高。

(四) 具有冷杀菌作用

超高压具有冷杀菌之能。当微生物受到超高压时,会有许多变化发生,包括菌体蛋白中的非共价键被破坏,导致蛋白质高级结构破坏,使其基本物性发生变异,产生蛋白质的压力凝固及酶(主要的酶,包括涉及 DNA 复制的那些酶)的失活;细胞膜中的分子被修饰,影响膜功能和渗透性;使菌体内的成分产生泄漏和细胞膜破裂等多种菌体损伤。因此,超高压在常温下具有微生物灭活的作用。加压 400 MPa 和加热 60 ~ 90 ℃组合处理或 50 ~ 400 MPa 的压力循环处理都可以杀死大量微生物。

超高压处理也可以使食品腐败微生物失活。可以认为是在超高压环境中,细胞膜的功能受到了破坏,由此导致细胞的渗漏,所以经过超高压处理后食品表现为原始微生物数量大大减少。

(五) 延长食品的保质期

经过超高压加工的食品无“回生”现象,杀菌效果良好,便于长期保存。以食品中的淀粉为例,传统的热加工或蒸煮加工方法处理后的谷物食品中糊化后的淀粉,在保存期内会慢慢失水,淀粉分子之间会重新形成氢键而相互结合在一起,由糊化后的无序排布状态重新变为有序的分子排布状态,即 a – 淀粉化(即俗称的“回生”现象)。而超高压处理后的食品中的淀粉属于压制糊化,不存在热致糊化后的老化或称“回生”现象。与此同时,食品中的其他组分的分子在经过一定的超高压作用之后,同样会发生一些不可逆的变化,经超高压加工的食品可以延长保存期,同时又弥补了冷冻保藏引起的色泽变化、失去弹性等不足。

（六）具有速冻及不冻冷藏效果

速冻采用快速越过最大冰晶生成带，使组织内只能生成细小冰晶体，这是降低冷冻应力、提高冷冻制品质量的关键。目前一般采用 -30 ℃以下低温快速冷冻法，然而因热阻的存在使冻结有一个过程，相变就不可能瞬间完成，生成冰晶体较大，导致冷冻制品的组织产生不可逆性破坏和变性。因此，水果、蔬菜、豆腐等高水分食品就不适于冷冻处理，这是至今食品保藏中的一大难题。

为此，在冻结过程中采用改变温度和压力两个参数的二维操作法，即所谓“压力移动冻结法”（pressure - Shift freezing method，PSF），这是根据高压冰点下降原理和压力传递可瞬间完成的原理进行的。该法将高水分物料加压到 200 MPa 后冷却至 -20 ℃，因仍高于冰点而不冻结，然后迅速降至常压，此时 0 ℃成为冰点，-20 ℃的水变为不稳定的过冷态，瞬间产生大量极微细的冰的晶核，而且冷冻制品的组织中，冷冻应力大大减小，避免了冷冻制品组织的破坏和变性，真正实现了速冻。

改善冷藏、冷冻食品贮藏特性。高压处理的另一个潜在应用是低温贮藏，在 200 MPa 压力下，水能被冷至 -20 ℃而不冻结。因此，升高压力可允许食品在零度以下长期贮存，而避免了因形成晶核而引起的问题。然而，长期保持高压所需费用也是昂贵的。

（七）简化食品加工工艺，节约能源

超高压加工技术在生产中是把压力作为能量因子来利用的。与热处理相反，水压瞬间就能以同样大小向各个方向传递，并且压力可以在瞬间传递到食品的中心，这是一个重要的特征。不像热加工中能量的传递需要时间，食品的超高压加工时间短且不需要很大的压力容器，食品就可以获得均一的处理，从而使生产的工艺过程大大简化。从能耗来看，加压法的能耗仅为加热法能耗的十分之一。

（八）适用范围广，具有很好的开发推广前景

超高压技术不仅被应用于各种食品的杀菌，而且在植物蛋白的组织化、淀粉的糊化、肉类品质的改善、动物蛋白的变性处理、乳

产品的加工处理及发酵工业中酒类的催陈等领域均已有成功而广泛的应用,并以其独特的优势在食品各领域中保持了良好的发展势头。

四、我国食品超高压技术研究中存在的问题

由相关数据可知,我国从事超高压技术研究的人员日益增加,在超高压技术领域发表的文章数量和申请的专利也不断增加,取得了较大进步。由于我国有关超高压技术的研究起步晚,与美国、德国、澳大利亚、比利时、西班牙和日本等超高压技术研究强国相比,仍存在较大的差距,具体体现在以下 4 个方面:

(一) 基础研究不够深入,科学问题没有凝练

国内超高压技术研究多停留在对技术应用的开发层面,缺乏机理性研究。例如,对于超高压技术机理的研究主要包括分析杀菌、钝酶效果,通过已建立的数学模型来解释杀菌、钝酶动力学。目前国内超高压技术主要集中在工艺优化(处理压力和保压时间)基础上的杀菌、钝酶效果。现有的动力学研究以模型拟合分析为研究重点,缺少对动力学预测模型的验证。尚未有从细胞水平、分子水平和基因水平对超高压技术杀菌机理进行的研究,也没有深入探究超高压技术对酶分子蛋白质结构的影响。此外,超高压技术提取生物活性成分方面,没有凝练关键问题,现有研究的重点是提取对象,而没有对提取机制的研究。

(二) 超高压技术装备稳定性差,实时温度检测缺乏

我国超高压技术装备的研究起步较晚,与国外设备相比,在设备结构设计、性能和配置方面存在较大的差距。另外,由于超高压技术装备本身需要极大的抗压力,对设备和密封件的材质要求非常高,设备使用过程中容易出现裂痕、破损和密封性降低等问题。上述原因导致国内超高压技术设备的稳定性较差,直接表现为升泄压速率、升温幅度的变动以及实际压力与预设压力的差异等。

同时,由于国内耐压型热电耦与超高压技术处理釜的匹配与密封技术尚不完善,设备普遍没有解决温度实时在线监测问题,在研究过程中只能实时监测压力。事实上,在超高压技术处理过程

中，处理介质和食品物料经历了一定的温度变化。以水作介质为例，压力每升高 100 MPa，介质温度升高 3 ℃，即如果采用常温、600 MPa 压力，那么绝热情况下处理后物料和介质的温度超过 40 ℃；而以蓖麻油、丙二醇等作介质，升温幅度更大。鉴于超高压技术设备的客观条件，国内有关研究对处理参数和传热条件、温度分布参数往往交代不全面，导致超高压技术研究的方法和结果重复性差。

（三）低水平跟踪研究多，工艺技术开发为主

从文章数量来分析，国内超高压技术研究涉及范围较广，以低水平的跟踪研究居多，集中在工艺技术的开发上。其中，一种是单纯通过处理对象的改变实现“创新”，以工艺优化为研究内容，暴露出试验的盲目性和低端模仿性，缺少科学合理的研究思路和目标；另一种是在研究影响超高压技术处理效果的因素时，以目前国内研究最多的超高压技术处理果蔬和超高压技术提取为例，它们分别占研究型文章总数的 25.2% 和 15.7%。国内对超高压技术处理果蔬杀菌、钝酶效果的研究集中在常规处理压力和保压时间方面，而针对升泄压速率、压致升温效应和传压介质类别等对杀菌、钝酶效果有很大影响的因素缺少相关研究。超高压技术在提取领域的应用，基本上都停留在提取工艺的优化方面，除少数研究会综合参考提取率和所提取目标成分的品质和生物活性外，大多数研究仅以提取率为评价指标，而对于影响加工特性和产业化应用的因素，以及对提取产物的进一步分离纯化和定性定量分析的研究相对缺乏。

（四）没有建立合作机制，同行学术交流较少

与国外相比，我国超高压技术研究机构和研究人员比较庞大，采购超高压技术设备的单位不少，但往往各自开展研究，缺乏合作和交流的平台，相关信息交流不多。为了促进超高压技术的交流，美国食品科学技术学会建立了食品非热加工分会，在每年年会上专门有非热加工专题；日本建立了“高压学会”，每年都有“超高压生物和食品”的学术会议，定期举办“国际超高压生物和食品科学

技术年会”,出版大量的专业书籍。

五、超高压技术研究预测

基于我国超高压技术研究的现状,对未来的超高压技术研究分析如下:

(一)我国食品超高压技术的研究层次由浅入深

超高压技术研究层次应由跟踪研究、工艺开发、动力学分析、机理探究转变组成。例如,不同微生物及不同内源酶对超高压技术的敏感性不同。目标菌和目标酶(或指示酶)的确定是未来超高压技术研究的热点和难点。超高压技术杀菌、钝酶动力学分析是解决上述问题的有效手段,而预测模型的分析与验证是超高压技术动力学分析的重要方法。未来国内超高压技术研究需要建立科学合理的数学模型来解释杀菌、钝酶不同的动力学过程。

再如,超高压技术机理深入而系统的阐释,能够为超高压技术的应用提供理论依据。关于杀菌机理,目前国际上关于超高压技术杀菌机理的研究正在从细胞水平向分子水平和基因水平深入,在研究细胞形态与结构变化、细胞代谢内源关键酶钝化的同时,深入细胞遗传物质 DNA 损伤及基因表达变化的研究,组学技术得以应用。此外,芽孢钝化动力学和机理与营养体是不同的。芽孢在温和温度下能耐受 1000 MPa 以上压力,超高压技术钝化芽孢的动力学和机理研究成为超高压技术杀菌领域的一个重要方面。关于钝酶机理,目前有关超高压技术激活与钝酶机理的研究相对杀菌机理的研究要少得多,主要包括对酶蛋白基本性质,如浊度、粒度、等电点的变化,对酶蛋白活性部位以及辅因子结构等的影响。对于品质变化机理,超高压技术处理不会破坏共价键,能较好地保持产品品质相关的正面研究结果很多。在该处理过程中,一些品质劣变也伴随发生。例如,超高压技术处理酶活性不能完全钝化,贮藏过程中的酶促反应引起品质劣变;超高压技术处理禽类制品导致蛋白质变性,引起食品成分的功能和感官品质下降。未来研究中,品质变化分子机理的研究也是重点。

（二）我国食品超高压技术的研究向多元化延伸

未来,国内超高压技术的研究和应用将越来越多元化,创新研究将更加丰富。一方面,超高压技术研究领域不断开拓和深入。除超高压技术杀菌钝酶、提取食品组分、改性食品组分(蛋白质和淀粉)外,超高压技术未来将向更广阔的领域延伸。比如,利用超高压技术进行更多大分子修饰或改性,改良食品品质和风味,提高其功能特性。除了肉的嫩化、淀粉的糊化、蛋白质的凝胶性等超高压技术改性领域外,超高压技术还可以应用于葡萄柚汁等食品的去苦,大蒜等食品的脱臭,奶粉、大米、大豆等食品的脱敏,玉米等储藏粮食的脱毒,高附加值功能食品的开发等。再如,利用超高压技术激活某些在常压下受抑制的酶,应用于发酵和腌渍食品的熟化或陈化处理;或利用超高压技术钝化酶活,通过控制(或中断)酶反应的进程,生产特定的目标物质。其他可能的应用还包括利用超高压技术进行高压速冻和高压解冻,提高冻藏食品品质;利用超高压技术人工制备模拟深海泉水的高压水,将其应用于工业化生产糜类肉制品中;利用超高压技术有效降解残留的农药,例如苹果汁中的拟除虫菊酯类、氨基甲酸酯类、有机磷类等。另一方面,超高压技术与其他因素的协同处理研究会越来越多。比如,抗菌肽结合超高压技术处理提高杀菌效果(主要在乳制品工业),温压结合技术有效提高芽孢致死率。与超高压技术相匹配的其他技术还有超滤、渗透脱水、干燥、超声波、二氧化碳和氩气、交流电、电离辐照等。

（三）我国食品超高压技术产业化应用不断推进

国内超高压技术产业化应用的推进,除了取决于超高压技术开发和机理研究外,还依赖于装备研制、包材研发、产品安全性评价、超高压技术食品标准制订等与超高压技术相匹配的辅助技术和标准的不断进步。

研制具有我国自主知识产权的、规模化智能超高压技术装备是实现超高压技术产业化的关键。未来,提高设备密封性、稳定性和安全性以及解决温度实时监测是装备研制的重中之重。此外,确保超高压技术产品的安全性是推进超高压技术商业化应用的必要条件。建立健全国内超高压技术的安全性评价体系,包括分析和评价超高压技术能否达到降低致病菌达 5 个对数的效果,处理过程中包装材料中的挥发性有机物质是否会向食物中扩散,处理过程是否有食品组分变性导致新的物质产生以及这些变化或物质是否会给人类带来安全威胁等一系列的问题。超高压技术已在美国、加拿大、法国、德国、西班牙、日本和韩国等先后通过食品安全评价。以美国为例,超高压技术已获准在生蚝、果冻和果酱、果汁、流质沙拉酱、生鱿鱼、米饼、鹅肝酱、火腿和鳄梨酱等领域进行商业应用。

第二节 超高压技术的原理

一、超高压技术的基本原理

超高压技术又称为高静水压技术,是指利用 100 MPa 以上的压力,在常温或较低温度条件下,使食品中的酶、蛋白质及淀粉等生物大分子改变活性,变性或糊化的同时杀死细菌等微生物的一种食品处理方法。超高压技术的实现方式是以水或其他液体介质为传递压力的媒介物,然后将进行真空密封包装的被加工食品放入介质中在一定温度下对其进行加压处理。超高压可以杀菌以及抑制酶活性,因而可以用作食品杀菌保藏;超高压状态下水的冰点会降低,并且压力施加均匀,因此可以利用这个原理均匀地快速冰冻或者解冻冷冻的食品;超高压可以破坏细胞膜,加速细胞内物质外流,因此可以用来辅助提取某些物质。

二、超高压杀菌的原理

一定的高压能够导致微生物的形态结构、生物化学反应、基因机制及细胞壁膜发生多方面的变化。高压对细胞壁和细胞膜都有影响,一定的高压会破坏细胞壁,使细胞膜通透性发生改变,使细胞膜功能劣化导致氨基酸摄取受到抑制,超高压也会抑制细胞内酶的活性和 DNA 等遗传物质的复制。破坏蛋白质氢键、二硫键和离子键的组合,使蛋白质四维立体结构崩溃,基本物性发生变异,产生蛋白质的压力凝固及酶的失活,最终造成微生物的死亡。陆海霞等研究了超高压对单增李斯特菌细胞膜的损伤和致死机理,用透射电镜观察细胞,发现 250 MPa 压力下处理的细胞有一定程度的变性,细胞内细胞质局部皱缩,出现低电子区;450 MPa 压力下处理的细胞严重变形,细胞膜完整性遭到破坏,部分出现缺口,细胞内含物结构紊乱,出现泄漏,胞质蛋白凝固,核酸变性,在此压力下细菌全部死亡。通过测定上清液中 K^+、Mg^{2+} 的浓度,发现 K^+、Mg^{2+} 浓度随着压力升高而升高,说明高压处理让细胞膜通透性增加,细胞内无机盐离子流出胞外,蛋白质和核酸等物质也通过破损的细胞膜流出,并且 ATP 水解酶活力也降低。

三、影响超高压杀菌的主要因素

超高压杀菌效果的影响因素有:所加微生物种类、温度、加压方式、pH 值、压力大小、加压时间、水分活度、基质成分和添加剂等。

(一) 压力大小和受压时间

对于非芽孢菌来说,在一定范围内所加压力越大,杀菌的效果越好。如果压力相同,加压时间延长,杀菌效果也有一定程度的提高。对于芽孢菌来说,芽孢的抗逆性很强,能够耐受很高的压力。有的芽孢可能在 1000 MPa 的压力下生存,而 300 MPa 以下压力反而会促进芽孢发芽,所以对于芽孢杆菌并不是压力越高越好。杀灭芽孢杆菌的有效途径是以 300 MPa 以下压力促使芽孢发芽,再配合其他方法协同杀菌。热压结合的方法,通常是杀灭孢子的有效途径。有人研究发现,在热压结合的过程中,温度对杀灭芽孢起到了主要的作用。由于结构构造不同,不同微生物耐压性也不同。由于革兰氏阳性细菌相比于革兰氏阴性细菌的细胞壁更厚,而且有更高的肽聚糖含量,肽聚糖网状分子交织形成一个致密的网套覆盖在整个细胞上,因此它具有更高的机械强度,所以革兰氏阳性细菌较革兰氏阴性细菌具有更好的耐压性。另外,真核生物比原核生物对高压更敏感,所以微生物的耐压性大小为革兰氏阳性细

菌 > 革兰氏阴性细菌 > 酵母菌、霉菌。

（二）温度

由于微生物的生命活动都是由一系列生物化学反应组成的，而这些反应受温度的影响又极其明显，故温度是影响微生物生长繁殖的最重要因素之一。提高温度可以导致微生物细胞膜的结构和流动性发生变化，使生物大分子的疏水氢键等相互作用减弱。一般情况下，温度越高，微生物的杀灭效果越好。因此，可以通过改变加压温度的方法来改善超高压杀菌的效果。

Zhu 等研究了碎牛肉中的产芽孢梭状芽孢杆菌的热压结合处理对其杀灭的效果，发现在相同的加压时间下，加压的温度越高，杀菌效果越好。100 ℃条件下的杀菌效果和杀菌速度都明显优于 80 ℃。但是温度如果过高会影响食品的营养、风味等品质，因此，一般在不影响产品品质的温度范围内（ < 60 ℃），通过改变温度来增强杀菌的效果。袁翔等研究了不同温度下超高压对哈密瓜汁中大肠杆菌的杀灭效果，分别在一定压强下辅以温度为 35 ℃、45 ℃、55 ℃加压一定的时间，发现相同压力下温度越高，大肠杆菌的残活数越少。

孙兆远等研究了超高压不同温度条件下对鲜切莲藕杀菌效果的影响，实验结果表明，在 10 ℃的低温条件下，即使在较高的压力（400 MPa）下，菌落总数仍维持在 9.54×10^3 cfu/g 的较高水平；当升高到 30 ℃时，菌落总数快速下降至 580 cfu/g，并且在 50 ℃时达到商业无菌的状态（菌落总数为 88 cfu/g）。这说明在一定温度范围内，温度越高杀菌的效果越好，而在较低温度下，压力增大会使细胞内冰晶析出而导致破裂的程度加剧，同样对超高压杀菌有一定的促进作用。另外，低温下细胞蛋白质对超高压的敏感性提高，从而更容易变性。

（三）加压方式

加压方式也会对超高压杀菌的效果造成影响。例如，芽孢菌在恶劣环境中产生的孢子对压力有很强的抗逆性，面对 1000 MPa 的高压可能也不会被杀死，而低压可以促进孢子发芽，因此可以先用低压促进芽孢发芽成营养细胞,然后以高压将营养细胞杀死,因此间歇式重复加压可以使产芽孢菌致死效果明显。

(四) pH 值

每种微生物都有促进自己生长繁殖的 pH 范围,过酸或者过碱都会影响微生物的生长繁殖,因此 pH 也是影响超高压杀菌效果的重要因素之一。酶、肽和氨基酸等均属于两性电解质,有自己特定的等电点,当环境 pH 远离其等电点时,可以改变它们的带电状态,弱化酶分子的各次级键,引起酶水解,破坏酶的空间结构,直至酶失活。压力会改变介质的 pH 值,缩小微生物能够适应的 pH 范围。所以也可以在食品允许的范围内,通过改变介质的 pH 使微生物的生长环境恶劣,来加速微生物的死亡,缩短高压杀菌的加压时间或降低所加压强。另外,也可通过与其他技术(如超声、辐射、抑菌剂)协同来达到更好的杀菌效果。有人用 CO_2 和茶多酚添加物实现了更好的杀菌效果。不同的盐对高压杀菌的效果也有影响。

(五) 食品组成

超高压杀菌的效果跟所杀菌物品的成分及含量也有很大关系,如高盐、高糖、高蛋白的食品或者营养成分过于丰富的食品中的微生物对高压有更强的耐受性,高压杀菌效果会下降。有学者在 250 ~400 MPa 压力下分别在 KCl、NaCl 和 LiCl 的盐溶液中对大肠杆菌的杀灭效果进行了研究。发现在一定浓度下,含有 Na^+ 和 K^+ 的基质对大肠杆菌的盐胁迫和渗透胁迫明显不同于含有 Li^+ 的基质($P \leqslant 0.05$)。一些学者研究了在固体和液态食物介质中的微生物杀灭效果。罗仓学等研究了超高压对猕猴桃果肉饮料的影响,发现在一定的糖度下,白砂糖增加了细菌的耐压性。Chrysoula 等研究了金黄色酿脓葡萄球菌在离体条件和火腿中的杀灭效果,发现在离体条件下杀灭效果更好,原因是火腿中的大分子物质在超高压环境中对细菌起到了一定的保护作用。

(六) 微生物的种类和生长阶段

不同的微生物的耐压性有区别。一般来说,各种微生物的耐压性强弱依次为革兰氏阳性细菌、革兰氏阴性细菌、真菌,而耐高温的微生物耐高压的能力也较强，处于指数生长期的微生物比处于静止生长期的微生物对压力反应更敏感。各种食品微生物的耐压性一般较差，但革兰氏阳性细菌中的芽孢杆菌属和梭状芽孢杆菌属的芽孢最为耐压，可以在高达1000 MPa的压力下生存。病毒对压力也有较强的抵抗力。杀死一般微生物的营养细胞通常只需室温下450 MPa以下的压力。例如，酵母（低发酵度酵母和白酵母）在200～240 MPa压力下处理60 min被杀灭，370～400 MPa压力时仅需10 min，570 MPa压力时5 min即可。而杀死耐压性的芽孢则需要更高的压力或结合其他处理方式。

（七）水分活度

高压对酵母细胞结构的影响产生于细胞膜体系，尤其是细胞核膜。低水分活度产生细胞收缩和对生长的抑制作用，从而使更多的细胞在压力中存活下来。因此控制水分活度无疑对高压杀菌，尤其是固态和半固态食品的保藏加工具有重要意义。

四、超高压对食品成分和品质的影响

超高压能引起食品成分的非共价键（氢键、离子键、疏水键）的破坏或形成，使食品中的酶、蛋白质、淀粉等生物高分子物质失活、变性、糊化，从而使物料改性，产生新的组织结构，改变食品的品质和某些物理化学反应进度。压力会导致盐键及部分疏水键的破坏，氢键在某种程度上加强，但共价键的可压缩性较小，对压力的变化不敏感。

（一）超高压对食品中蛋白质的影响

低于800 MPa的压力可能会造成蛋白质分子的二级、三级和四级结构的改变，其中四级结构对压力最敏感，三级结构次之，二级结构的改变较小。Chen等研究发现，在8 GPa的压强下L－天冬酰胺酶和重组人生长激素的氨基酸残基顺序发生改变，这说明8 GPa的压力会影响蛋白质分子的一级结构。因此，超高压可以破坏蛋白质胶体溶液，使蛋白质凝集，形成凝胶；可能会在食品色泽、光泽、风味、透明度、硬度、弹性等食品质量指标上取得良好的特性；也可以增加蛋白质对蛋白酶的敏感性，提高可消化性和降低过敏性。另外,超高压会改变食品中蛋白质的疏水性,可能会降低或者增高蛋白质的疏水作用。Hei 等研究发现,50 MPa 的压力增强了各亚基之间的疏水相互作用。Crigena 等研究发现,300 MPa 的压力降低了脱辅基肌红蛋白的疏水作用。如果蛋白质的疏水性增强,则可以更好地结合风味物质、色素、维生素、无机化合物和盐等。如果酶的疏水性降低则会阻碍其与底物的结合能力,从而抑制酶的效果。刘平等研究发现,不同压力(100 ~ 500 MPa)对菠萝蛋白酶处理 20 min,对酶活力均有显著影响,而造成显著影响的原因是 β - 折叠的含量和亲水性 Typ 残基的暴露程度。薛路舟研究发现,经过超高压处理,蛋白质分子发生解聚,更多的疏水基团暴露出来。蛋白质分子的亲水性增强,从而使得蛋白质在水中的溶解度增强;超高压处理使更多的疏水基团暴露,加之溶解度增强使更多疏水基团外露,导致蛋白质的黏度、乳化特性、表面疏水性均得到增强;400 MPa 时蛋白质分子完全变性。超高压对蛋白质的影响还表现在能够降低某些食品的过敏性上,例如会导致很多人过敏的花生蛋白,在高压处理后其蛋白结构由折叠变展开,疏水性增强,致敏蛋白含量减少,抗原性随处理强度的增加而减少。

(二) 超高压对食品中碳水化合物的影响

给食品施加一定压强一段时间后,食品中的淀粉会出现以下情况:① 溶胀分裂;② 晶体结构遭到某种程度的破坏;③ 内部有序态分子间的氢键断裂,分散成无序的状态,即淀粉糊化为 α - 淀粉。高压处理可提高淀粉对淀粉酶的敏感,从而提高淀粉的消化率和胶凝温度。超高压处理使更多支链淀粉受压变为分子质量小的直链淀粉。由于淀粉颗粒变小,比表面积增大,增加了水分子与淀粉游离羟基结合的概率,使得淀粉的溶解度、透明度等均明显提升,同时淀粉的黏度下降。淀粉流变特性和结构的改善,也提高了淀粉的糊化特性,300 MPa 以上超高压处理可以使淀粉糊化,且有效地降低了淀粉的糊化温度。

(三) 超高压对食品中脂类的影响

超高压对脂类的影响是人们研究高压对大分子作用的一部分

内容。超高压对脂类的影响是可逆的，室温下呈液态的脂肪在高压（100～200 MPa）下基本可使其固化，发生相变结晶，促使脂类更稠、更稳定晶体的形成；不过解压后其仍会复原，只是对油脂的氧化有一定的影响。

超高压处理可使乳化液中的固体脂肪增加，而且此结果受压力、温度、时间和脂肪球大小的影响。当水分活度 *Aw* 值在 0.40～0.55 范围内时，超高压处理使油脂的氧化速度加快；但水分活度不在此范围时则相反。Ohshima 用 200～600 MPa 的压力处理鳕鱼肉 15～30 min，发现浸提出的鱼油的过氧化值随压力的增加和时间的延长而增加。当把去脂沙丁鱼肉和沙丁鱼鱼油混合物用 108 MPa 的压力处理 30～60 min 后贮存在 5 ℃条件下，贮存期间食品的过氧化值和 TBA 值（硫代巴比妥酸）比未处理对照组高。但如果只处理鱼油，即使是 500 MPa 以上的压力对其脂肪的氧化程度的影响也不大。已有证据证明，纯鱼油自动氧化对高压处理的反应是较稳定的。在有肌肉存在的情况下，压力处理后油脂氧化作用加强。

超高压有利于最稳定状态晶体的形成。日本科学家指出，可可脂在适当的超高压处理下能变成稳定的晶型，有利于巧克力的调温，并在贮存期减少白斑、霉点。Cheah 等研究发现，超高压处理的猪肉脂肪比对照组氧化更迅速（有一个很短的诱发期）。

（四）超高压对食品中水分的影响

水是大多数食品的主要成分，在超高压加工时也可以作为传压介质。超高压会使水的体积发生收缩，在 1000 MPa 以下，水的压缩率最大可达 20%，不同温度下水的压缩率变化略有不同。水体积的减小还会导致其温度的变化，超高压下水的温度会升高，不同温度的水升温情况也有所不同。水温越高，高压下的升温现象也越明显，在超高压处理过程中，升压会升高水的温度，降压会降低水的温度，因此加压时食品中的水和作为传压介质的水会发生相变，不含水的其他传压介质也会发生相似的变化。此外，超高压下水的传热特性和比热容等也会发生变化，这些变化都会影响到超高压处理过程食品有关特性的变化。

超高压对水的相变(冻结温度、冰晶形成、潜热、体积变化)的影响是超高压下冷冻和解冻食品新方法的科学基础。

(五)超高压对食品中风味物质、色素的影响

超高压对食品原有的味道和特有的风味影响不大,对食品的色泽会有改变,但有些颜色(如类胡萝卜素、叶绿素、花青素等)对超高压有抵抗能力。食品的黏度、均匀性及结构等特性对超高压较为敏感。相对于传统热加工方式,超高压加工能够更好地保持食品的色泽、风味、香气及营养成分等,因此具有很大的优势。

第三节　超高压技术在食品中的应用

超高压加工技术不仅可用于食品杀菌、灭酶与质构改善等,而且对食品的营养价值、色泽和天然风味也具有独特的保护效果。目前,超高压技术在果蔬制品、肉制品、乳制品、蛋类食品、水产品加工及有效成分提取中已得到广泛的应用。

一、超高压技术在食品加工中的应用

(一)超高压技术在果蔬加工中的应用

超高压技术在食品加工中最成功的应用是果蔬产品的杀菌。与传统的热力杀菌相比,超高压技术可以在常温或较低温度下达到杀菌、抑酶及改善食品性质的效果。不会破坏果蔬制品的新鲜度和营养成分,符合消费者对果蔬制品营养和风味的要求。

新鲜果汁中含有丰富的维生素、蛋白质、氨基酸及还原糖等营养成分,这些营养成分经过传统热力杀菌处理后损失很大,超高压杀菌技术则可以有效地避免果汁中营养成分的大量损失。Butz 等研究了超高压对部分果蔬产品中的抗诱变物质、抗氧化物质、抗坏血酸、类胡萝卜素等的影响,通常情况下超高压不会引起风味物质的丢失。王寅等使用 200 ~ 500 MPa 高压分别对蓝莓汁处理 5 ~ 15 min 后发现,高压处理后蓝莓汁的还原糖的含量变化不大,压力为 500 MPa 时,蓝莓汁的 Vc 保留率可达 94.2%。

采用超高压技术杀菌不仅使水果中的微生物致死，还可使酶活力降低。刘兴静等采用超高压处理鲜榨苹果汁，随着处理压力升高和保压时间延长，菌落总数、大肠菌群数均下降显著。姜莉等研究了超高压对马铃薯多酚氧化酶和过氧化物酶的影响。压力超过 200 MPa 时酶的活性下降，压力为 400 MPa 时，随着时间的延长，多酚氧化酶和过氧化物酶活性都呈下降趋势。

果汁的感官品质包括颜色、香气、滋味等方面。超高压杀菌属于冷杀菌技术，其操作过程是在常温下进行的，并且超高压只作用于非共价键，而不影响共价键，因而能较好地保持果汁固有的口感、风味及色泽。林怡等将杨梅鲜果经过超高压处理后发现，样品的颜色没有显著变化，汁水流失的速率、鲜果硬度减小的速率与未处理的对照组相比明显降低。

(二) 超高压技术在肉制品加工中的应用

采用超高压技术处理肉制品，可以有效改善肉制品的柔嫩度、风味、色泽和成熟度等特性，还可以延长肉制品的货架期。

肉的嫩度指肉在食用时口感的老嫩，反映肉的质地和食用品质，是消费者评价肉质优劣的常用指标。高海燕等采用超高压对鹅肉进行嫩化处理，发现超高压可使其失水率降低，持水率提高，明显增加了鹅肉的嫩度。

为研究超高压处理对南京盐水鸭货架期和品质指标的变化规律，沈旭娇等以 200 MPa 和 400 MPa 的压力分别在 20 ℃、30 ℃、40 ℃条件下对真空包装盐水鸭胸脯肉进行 10 min 处理。4 ℃贮藏条件下，每周对超高压处理样品中的微生物总数、pH 值、脂肪氧化程度、颜色及感官指标进行测定，结果表明超高压处理能够有效抑制盐水鸭中的微生物，从而有效地延长了产品的货架期。而且经超高压处理的南京盐水鸭的滋味、风味、色泽、结构、质地都与未经处理的产品无明显变化。

(三) 超高压技术在水产品加工中应用

水产品的加工比较特殊，要求保留水产品原有的风味、色泽、良好的口感与质地。常用的热处理、干制处理均不能满足要求。

而经超高压处理的水产品，可较好地保持原有的新鲜风味。

胡庆兰等采用超高压处理鱿鱼片，对处理后的鱿鱼色泽、组织、口感进行感官评价和权重分析，并利用模糊数学综合评价法对超高压处理的样品进行综合评分，结果表明在 300 MPa 压力的条件下，鱿鱼片弹性最好，剪切力最低，白度值最高，品质达到最优。

欧仕益等以对虾为试验原料，采用不同压力和保压时间处理鲜虾仁，研究了超高压的杀菌效果及其对产品质构的影响。结果表明，压力是影响杀菌效果的主要因素。当压力为 500 MPa 时，具有最佳灭菌效果。与沸水灭菌和高温灭菌相比，超高压灭菌对对虾质构的影响最小，能较好地保持虾仁的硬度、咀嚼性和弹性。

（四）超高压技术在酒类加工中应用

酒类生产中，酒的自然陈化是个既耗时、能耗又大的处理过程，而超高压技术对酒的催陈可起到重要作用。

申圣丹等用超高压射流处理新酒，以总酸、电导率、异戊醇/异丁醇、四大酯为指标与常压(0.1 MPa)下的新酒对比，并将各酒样存放 1 个月，检测各项指标以对比。结果发现随着压力的上升，总酸、电导率、乳酸乙酯增加，异戊醇/异丁醇等均有所变化，总的变化趋势是朝酒陈化方向变化，充分说明超高压射流技术对白酒的催陈作用显著。

此外，超高压技术在啤酒中还具有良好的杀菌作用，刘睿颖等采用超高压水射流设备对新鲜未经灭菌的啤酒清酒进行灭菌处理，分析压力对灭菌效果的影响。结果表明：超高压射流对啤酒中主要的腐败菌——乳酸菌具有很好的杀菌作用，而且随着射流压力的增大，其杀菌效力也不断增大，当压力控制在 150 MPa 以上时，可以将啤酒中的乳酸菌完全杀灭。

（五）超高压技术在蛋制品加工中应用

将 600 MPa 的压力作用于鸡蛋时，蛋虽然是冷的，但却已经凝固。与加热煮熟的鸡蛋相比，这种蛋的味道非常鲜美，蛋黄呈鲜黄色且富有弹性。研究表明超高压处理使蛋白质变性的胶凝比加热凝胶软而且更富弹性，消化率较好。此外，鸡蛋的氨基酸和维生素没有损失,保留了原始自然风味,不会生成其他物质。

夏远景等对液体蛋超高压处理后细菌致死率与处理压力、保压时间的关系做了研究。结果表明,随着压力和保压时间的增加,液体蛋中细菌致死率逐渐增大,440 MPa 压力下保压 20 min 时,细菌致死率为 99.90%;400 MPa 压力下保压 20 min 时,蛋液的细菌总数由初始的 13100 cfu/mL 降至 31 cfu/mL,完全符合国家鸡蛋卫生标准细菌总数的要求。经感官评定,室温下,密封于消毒培养皿中未经处理的液体蛋 10 d 后便已发霉、变质,而经过 300 MPa 保压 10 min 处理后的液体蛋 30 d 以后依然新鲜如初。

(六) 超高压技术在乳制品加工中的应用

热处理是在现代乳制品生产中最常见的加工处理方法。它虽然能杀灭乳品中部分(主要是病原菌和腐败菌)或全部的微生物,破坏酶类,延长产品的保质期,但同时也会给产品带来不利的一面,而超高压技术不仅能够保证乳品在微生物方面的安全,还能较好地保持乳品固有的营养品质、风味和色泽。

酪蛋白是牛奶中的主要蛋白质,超高压处理使酪蛋白胶粒直径变小,乳蛋白表面暴露的疏水性基团增加,引起乳清蛋白变性,使其进入凝块。胡志和等对酪蛋白用超高压进行处理,结果表明:经超高压处理的酪蛋白能够明显改善其加工特性,其乳化性、黏度、溶解性、持水性均有较大幅度的提高。在 400 MPa 压力时其乳化性、黏度、溶解性、持水性最好。Anna Zamora 等通过对比用超高压处理的牛奶和经单一的巴氏杀菌的牛奶生产的奶酪的不同,发现经超高压处理之后,奶酪的持水性更强,货架期明显高于传统的杀菌方法。

(七) 超高压技术在有效成分提取中的应用

超高压技术在有效成分提取方面与传统提取方法相比具有提取时间短、提取率高、能耗低的优点。超高压提取有效成分可以在室温条件下进行,故不会因热效应而使有效成分的活性降低。

目前,超高压技术已在多糖类成分、黄酮类成分、皂苷类成分、生物碱类成分、萜类及挥发油、酚类及易氧化成分、有机酸类成分等的提取中得到了应用。

岳亚楠等用超高压法提取苹果渣中的多酚,并在相同实验条件下对比超高压法与超声波法、微波辅助提取法、超临界提取法等常用提取方法的苹果渣多酚得率,结果表明:超高压提取的苹果渣多酚得率比其他提取方法高出 10% 以上,且提取率高,环境污染小,安全性高。

二、超高压技术与食品冷冻解冻

为了延长货架期,一些食品需要以冷冻方式储藏。传统冷冻方法会导致通过 -1 ~ -5 ℃的最大冰晶形成带的时间过长,而形成冰晶大颗粒,冰的密度比水小,因此体积会变大,从而刺伤组织细胞造成机械性损伤。一旦解冻,细胞内的营养物质将会流失,从而影响食品的质量。而高压冷冻可以解决这个问题。将高水分食品加适当压强后,水的冰点将会降低(如 -21.99 ℃),然后将温度降到 -20 ℃,由于高于此压强状态下的水的冰点,因此水处于液态;然后迅速降低压强至常压, -20 ℃的水变成极不稳定的过冷态,瞬间产生大量极细微的冰晶核,又因为压力能同步传递到冻品的各个部位,进而可以在冻品内部各个部位同时形成大量细小均匀的冰结晶,且均匀分布于冻品组织中,基本避免了冻品组织的破坏和变形,解冻后能够使食品汁液流失量相对较少,获得保持原有品质的速冻食品。解冻过程则是冷冻过程的逆方向。

另一方面,由于传统的传热解冻方式的热量是由食品表面向内部传导,而解冻时间与传热推动力 ΔT(解冻介质温度与被解冻食品相变点温度之差)成正比,因此会出现解冻不均匀或者解冻缓慢的问题。如果提高解冻温度又可能会影响食品的质量。超高压解冻技术通过给被解冻食品施加高压,从而降低相变温度,增大传热推动力 ΔT,因为压力是均匀地传递到被解冻食品内部的各个部位的,因此理论上超高压可以均匀并且相对快速地对冷冻食品进行解冻。江英以鱼和土豆为研究对象进行冻结和解冻实验研究,通过对比不同解冻方法的食品解冻时间、汁液损失率和微观组织的效果确定了超高压食品冻结和解冻的可行性。实验表明,高压冷冻和高压解冻能够节约操作时间和有效地保护食品的质地。

但是,超高压过程中的变化是很复杂的。压力除了会使食品中水的相变点发生变化外还会使其相变潜热、导热系数及比热等物理性质发生变化,人们对这方面的研究非常匮乏。另外,超高压加压的过程还会产生热效应。目前,对于这个热效应的估计及产生的热效应对冷冻和解冻的影响还未见相关的报道。因此,对于超高压技术还需进行深入的研究。

三、超高压食品加工工艺

超高压食品加工工艺流程按食品形态不同分为固态包装食品和液态食品高压处理两类。

(一) 固态食品超高压加工工艺

固态食品超高压加工工艺流程如下:

动物类食品→清洗去杂→切块、切片(除蛋、虾)→装袋、封口→高压处理→检测

固态食品加工对将原料进行前处理后,装入耐压、无毒、柔韧并能传递压力的软包装内,并进行真空包装,然后置于超高压容器中进行加压处理,必要时还需将小包装的食品集中装入大包装容器中再进行加压处理,高压处理完后,沥水干燥,然后进行鼓风干燥去除表面水分,即得待包装的成品。

超高压固态食品的关键处理工艺为先升压,再保压,再卸压。

(二) 液态食品超高压加工工艺

1. 果汁

水果的超高压加工工艺流程如下:

水果→清洗→切割→榨汁→定量→灌装→封口→高压处理→检测

液态食品进行前处理后送入预贮罐,由泵直接注入超高压容器的处理室,处理后的成品又由泵抽(用气体排出)到成品罐中,若用无菌气体则可实现无菌包装,灌装出厂(例如果汁饮料即采用此法)。果汁的风味、组成成分都没有发生改变,在室温下可保持数月。另外,在鲜榨苹果汁的生产中可以将失活多酚氧化酶和杀菌

同步进行。

超高压液态食品的关键处理工艺为先升压,再动态保压,再卸压。

2. 果酱

果酱的超高压加工工艺流程如下:

果实→砂糖→果胶→混合→灌装、密封→加压→成品

由于超高压促进了果实、蔗糖及果胶混合物的凝胶化,糖液向果肉内浸透,并可同时灭菌。实际生产时,在室温条件下,把粉碎的果实、砂糖、果胶等原料装入塑料瓶,密封,加压到 400 ~ 600 MPa,保持 10 ~ 30 min,混合物凝胶化即可得到果酱,同时灭菌。感官评价结果表明,高压加工法基本保留了原料的诱人色泽和风味,营养素损失很小,产品弹性更好,透明性优于普通果酱。此外,由于在超高压过程中,物料的变性和作用是同步进行的,因而大大简化了生产工艺。

第六章　食品微胶囊技术

食品成分种类多，性质复杂，功能各异，它们和人们的日常生活及健康息息相关，这些物质在生产、贮运及使用过程中，往往存在如稳定性差，对光、热敏感，易氧化不易贮存，包括处于液态不利于贮藏、运输，以及不易被人们接受的不良风味与色泽，挥发性强、溶解性或分散性欠佳等缺点，极大地限制了这些食品的生产和食用。一直以来人们迫切希望找到一种能很好地保护这些物质的方法，使用微胶囊包埋技术可以较好地解决上述问题。

微胶囊技术的研究大约始于20世纪30年代，大西洋海岸渔业公司提出制备鱼肝油－明胶微囊的方法。20世纪40年代末，美国学者Wurseter利用机械方法将悬浮在空气中的细粉物质包裹，并成功用于药物包衣，至今仍把空气悬浮法称为Wurseter法。1950年，通用邓洛普公司（General Dunloberge）提出双层锐孔技术制备海藻酸钠微胶囊的专利。1953年，美国NCR公司Green利用物理化学原理发明了相分离复合凝聚法制备含油的明胶微胶囊，并用于制备无碳复写纸，实现了工业化生产，这是微胶囊第一次应用于商业中。20世纪60年代兴起了利用高分子聚合反应的化学方法制备微胶囊，其中以界面聚合反应最为成功。到20世纪70年代，微胶囊技术的工艺日益成熟，应用范围逐渐扩大，新的技术不断出现，如混合胶的微囊、双层微囊、三层微囊等。20世纪80年代Lim和Sim教授发明了由海藻酸钙－聚赖氨酸－海藻酸钙（APA）构成的“三明治”式结构微胶囊技术。1990年，Wheatley等获得了以脂质体包埋活性物质的专利；1991年，Devissaguet等获得了制备纳米胶囊的专利。

目前，微胶囊技术在国外发展迅速，美国对它的研究一直处于领先地位，在美国约有60%的食品采用这种技术。我国的微胶囊技术研究起步较晚，在20世纪80代中期才引进了这一概念，虽然在其应用方面也有许多发展，但同国外相比，我国仍处于起步阶段，进口微胶囊在生产中仍占主导地位。

微胶囊技术应用于食品工业始于20世纪50年代末，此技术可对一些食品配料或添加剂进行包裹，解决了食品工业中许多传统工艺无法解决的难题，推动了食品工业由低级的农产品初加工向高级产品的转变，为食品工业开发应用高新技术展现了美好前景。

第一节　微胶囊技术的概述

一、微胶囊技术的基本概念

微胶囊是指一种具有聚合物壁壳的微型容器或包装物。微胶囊造粒技术就是将固体、液体或气体物质包埋、封存在一种微型胶囊内成为一种固体微囊产品的技术，这样能够保护被包裹的物料，使其与外界环境相隔绝，达到最大限度地保持物质原有的色、香、味、性能和生物活性，防止营养物质的破坏与损失。此外，有些物料经胶囊包裹后可掩盖自身的异味，或由原先不易加工贮存的气体、液体转化成较稳定的固体形式，从而大大地防止或延缓了产品劣变的发生。

微胶囊粒子的大小和形状因制备工艺不同而存在很大差异，微胶囊的直径一般为1～500 μm，壁的厚度为0.5～150 μm，目前已开发了粒径在1 μm以下的超微胶囊。微胶囊粒子在某些实例中扩大到0.25～1000 μm。当微胶囊粒径小于5 μm时，因布朗运动加剧而不容易收集；当粒径大于300 μm时，其表面摩擦系数会突然下降而失去微胶囊作用。胶囊膜壁厚度多为1～30 μm，超薄壁微胶囊膜壁厚度为0.01 μm。国外微胶囊技术已用于遮盖霜、保湿剂、口红、眼影、香水、浴皂、香粉等中。微胶囊能够提高产品的稳定性，防止各种组分之间的相互干扰。

微胶囊可呈现出各种形状，如球形、肾形、粒状、谷粒状、絮状和块状等。囊壁可以是单层结构，也可以是多层结构，囊壁包覆的核心物质可以是单核的，也可以是多核的。图 6-1 给出了几种微胶囊产品的大致形状。

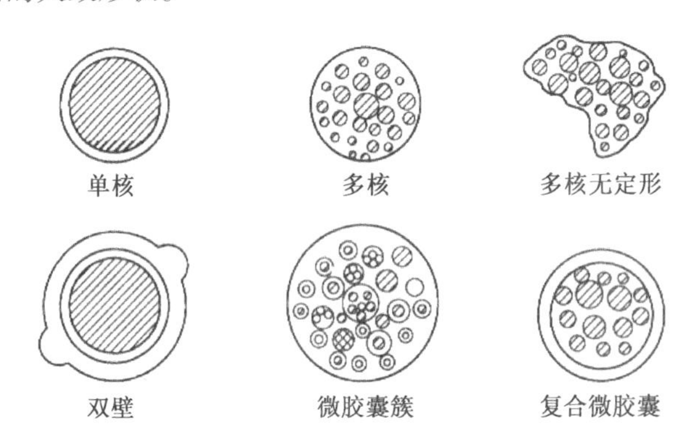

图 6-1　几种微胶囊产品的大致形状

微胶囊内部装载的物料称为心材（或称囊心物质），外部包囊的壁膜称为壁材（或称包囊材料）。微胶囊造粒（或称微胶囊化）的基本原理：针对不同的心材和用途，选用一种或几种复合的壁材进行包覆。一般来说，油溶性心材应采用水溶性壁材，而水溶性心材必须采用油溶性壁材。

心材可以是单一的固体、液体或气体，也可以是固 - 液、液 - 液、固 - 固或气 - 液混合体等。在食品工业中，“气体”心材可理解成香精、香料之类易挥发的配料或添加剂。可以作为心材的物质很多，在不同的行业、不同的用途中有不同的心材内容。例如，膳食纤维、活性多糖、超氧化物歧化酶（SOD）和免疫球蛋白等生物活性物质；赖氨酸、精氨酸、组氨酸等氨基酸；维生素 A、B_1、B_2、C 和 E 等；硫酸亚铁等矿物质元素；米糠油、玉米油、胚芽油等食用油脂；白酒、葡萄酒、和乙醇浸出液等酒类；乳酸菌、黑曲霉、酵母菌等微生物细胞；甜味素、甜菊苷、甘草酸等甜味剂；柠檬酸、酒石酸、乳酸等酸味剂；蛋白酶、淀粉酶、果胶酶和维生素酶等酶制剂。

壁材对一种微胶囊产品来说是非常重要的,不同的壁材在很大程度上决定着产品的物化性质。选择壁材的基本原则:能与心材相配伍但不发生化学反应,能满足食品工业的安全卫生要求,同时还应具备适当的渗透性、吸湿性、溶解性和稳定性等。

无机材料和有机材料均可作为微胶囊的壁材,但最常用的是高分子有机材料,包括天然和合成两大类。目前,在食品工业中最常用的壁材有:阿拉伯胶、海藻酸钠、卡拉胶、琼脂等植物胶;黄原胶、阿拉伯半乳聚糖、半乳糖甘露聚糖和壳聚糖等多糖;玉米淀粉、马铃薯淀粉、交联改性淀粉和接枝共聚淀粉等淀粉;羧甲基纤维素、羧乙基纤维素、乙基纤维素、丁基醋酸纤维素等纤维素;明胶、酪蛋白、玉米蛋白和大豆蛋白等蛋白质;聚乙烯醇、聚氯乙烯、聚甲基丙烯酸酯、聚丙烯酰胺、聚苯乙烯等聚合物。

二、微胶囊技术的功用

经微胶囊化后,可改变物质的色泽、形状、质量、体积、溶解性、反应性、耐热性和贮藏性等性质,能够储存微细状态的心材物质并在需要时释放出来。由于这些特性,使得微胶囊技术在食品工业上能够发挥许多重要的作用。具体如下:

(一)改善物质的物理性质

可通过微胶囊将液态物质改制成固态剂型,改变物质密度,改善流动性、可压性、分散性、贮藏性等。例如,液体心材经微胶囊化转变成细粉状固体物质,因其内部仍是液体相,故仍能保持良好的液相反应性,部分液体香料、液体调味品、酒类和油脂等,可经微胶囊化后转变成固体颗粒,以便于加工、贮藏与运输。

(二)释放控制

通过选择不同囊材组合和配比,使心材在适当条件下可缓慢或立即释放,该性质已在医药、农业和化肥行业、食品工业里得到广泛应用。例如,微胶囊控制释放的特点用在食品工业中,可以滞留一些挥发性化合物,使其在最佳条件下释放。对于酸味剂来说,如果在加工初始就与其他配料相混合,可能会使部分配料如蛋白质发生变性而影响产品的质地,经微胶囊化后就可控制它在需要时(如产品加工即将结束)再释放出来,避免它可能带来的不良影响。饮料工业上部分防腐剂(如苯甲酸钠)与酸味剂的直接接触会引起防腐剂失效。若将苯甲酸钠微胶囊化后可增强它对酸的忍耐性,并可设计成在最佳状态下释放出来以发挥防腐作用,延长防腐剂作用时间。

(三)改善稳定性,保护心材免受环境影响

有些物质很容易受氧气、温度、水分、紫外线等因素影响,通过微胶囊化可使心材与外界环境相隔离。例如,在配料丰富的食品体系中,某些成分间的直接接触会加速不良反应的进程,如某些金属离子的存在会加速脂肪的氧化酸败,也可能影响食品的风味系统。通过微胶囊技术,可使易发生作用的配料相互隔离开,从而提高产品贮藏加工时的稳定性和产品的货架期。

(四)降低对健康的危害,减少毒副作用

利用微胶囊控制释放的特点,可通过适当的设计实现对心材的生物可利用性的控制,实际应用时,这种人为控制作用能够降低部分食品添加剂(特别是化学合成产品)的毒性,例如,硫酸亚铁、阿司匹林等药物包裹后,可通过控制释放速度来减轻对肠胃的副作用。对于制药工业来说,可采用微胶囊技术制造靶制剂,达到定向释放效果。

(五)屏蔽味道和气味

微胶囊化可用于掩饰某些化合物令人不愉快的味道,如环状糊精经常用于一些饮料中有异味特殊因子的包裹。部分食品添加剂,如某些矿物质、维生素等,因带有明显的异味或色泽而会影响被添加食品的品质。若将这些添加剂制成微胶囊颗粒,既可掩盖它们所带的不良风味与色泽,又可改善它在食品工业中的使用性。部分易挥发的食品添加剂,如香精香味等,经微胶囊化后可抑制挥发,减少其在贮存加工时的挥发性,减少了损失,节约了成本。

(六)减少复方制剂配伍禁忌

对于原料中相拮抗的物质,采用微胶囊化隔离各成分,阻止活性成分之间的化学反应，故能保持其有效成分的稳定性。

（七）微胶囊的局限

微胶囊的上述功能主要是由壁材的物理与化学性质所引起的，但有时心材释放后所剩下的残壳也会引起一些问题。如果心材与壁材两者都能溶于水，则问题不大。但要选择一种不同溶解度的聚合物使壁壳可以从填充物相中遗留下来而呈现出不连续的分离相，同时要求两相均溶于水，这是相当困难的。将控制释放的微胶囊用于悬浮液介质中，则壁壳还会引起另一个复杂的问题，即可能由于增加了囊壁的厚度而使心材的释放变得困难。故在制备微胶囊时，需要权衡微胶囊释放速度和囊壁厚度两方面的因素。

第二节　微胶囊制备方法

微胶囊的制作过程是先将心材加工成微粉状，分散在适当介质中，然后引入壁材（成膜物质），使用特殊方法令壁材物质在心材粒子表面形成薄膜（也称外壳或保护膜），最后经过化学或物理处理，达到一定的机械强度，形成稳定的薄膜（也称为壁膜的固化）。制作微胶囊最关键的是心材物质的选择和成膜技术。选择心材的原则是既要考虑心材的物性，又要兼顾心材和壁材的相容性及二者的相互作用。形象地说，微胶囊造粒过程是物质微粒（核心）的包衣过程。其过程可分为以下 4 个步骤（图 6-2）：

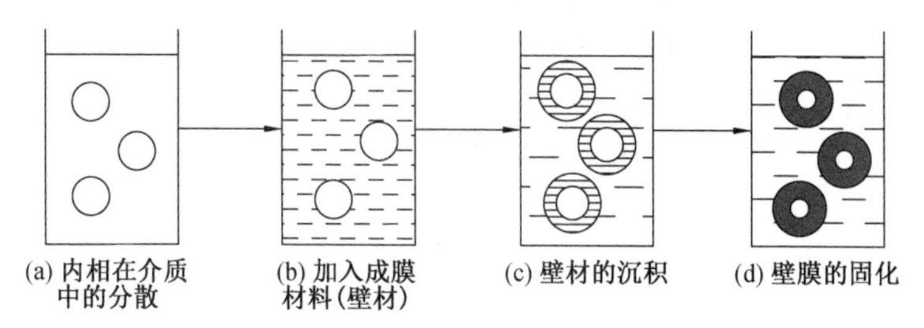

图 6-2　制作微胶囊的一般过程

① 将心材分散在微胶囊化的介质中；

② 再将壁材放入该分散体系中；

③ 通过某种方法将壁材聚集、沉渍或包敷在已分散的心材周围；

④ 这样形成的微胶囊膜壁在很多情况下是不稳定的，尚需用化学或物理的方法进行处理，以达到一定的机械强度。

根据微胶囊造粒的原理不同，微胶囊的制作方法大体上可分为化学方法、物理化学方法和物理方法 3 大类。再依据不同的操作工艺又可进一步分为若干种制备方法。详细的划分方法和类别如下：

一、化学方法

通过化学方法实现微胶囊造粒的方法主要包括界面聚合法、原位聚合法、分子包囊法和辐射包囊法。

（一）界面聚合法

界面聚合法是一种比较新颖的微胶囊造粒方法，它利用分别溶解在不同溶剂中的两种活性单体，当一种溶液分散在另一种溶液中时，两种活性单体相互间在界面发生聚合反应从而形成胶囊壁。利用界面聚合法，既可以使疏水材料的溶液或分散液微胶囊化，也可使亲水材料的水溶液或分散液微胶囊化。设定 A 为疏水性单体，B 为亲水性单体。如图 6-3 所示，单体 A 存在于与水不相溶的有机溶剂中，称为油相。然后将此油相分散入水相中去，使之呈现非常微小的油滴。再把单体 B 加入水相中。当搅拌整个体系时，水相和油相界面处就发生了聚合反应，在油滴的表面形成了聚合物薄膜，于是油被包囊在该薄膜内形成含油的微胶囊。如果与上述操作相反，首先把含有单体 B 的水溶液分散到油相中，使其形成非常细小的水滴，再将单体 A 加入油相中则可获得含水的微胶囊。

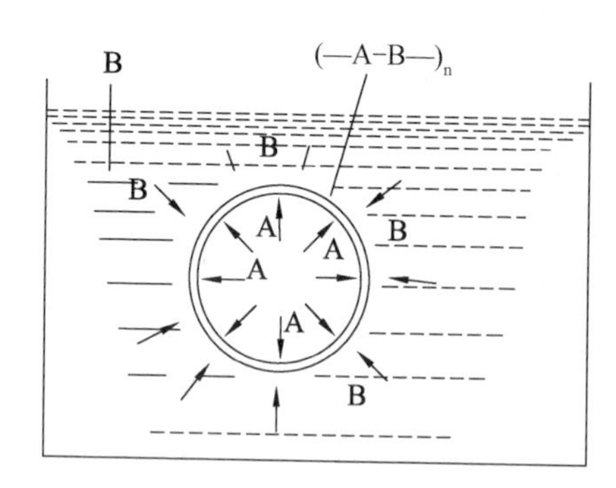

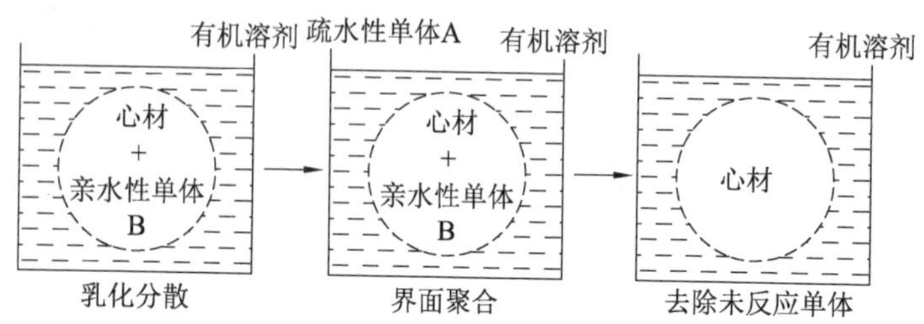

A、B—单体;(—A—B—)$_n$—缩聚物

图 6-3　界面聚合法微胶囊造粒示意图

（二）原位聚合法

原位聚合法微胶囊化过程中,单体成分及催化剂全部同时处于心材液滴的内部或外部,聚合反应前的单体是可溶的,而聚合物是不可溶的。聚合反应在心材液滴的表面发生,生成的薄膜覆盖住心材液滴的全部表面。

显然,该法与前述的界面聚合法有所区别。在界面聚合法中,参加聚合反应的单体,一种是油溶性的,另一种是水溶性的,它们分别位于心材液滴的内部和外部,并在心材液滴的表面进行反应形成聚合物薄膜。而且,其分散相和连续相两者均是提供活性单体的库源。所有这些,都是与原位聚合法的区别所在。

如图6-4 所示,在原位聚合法中,当心材为固体时,形成聚合物薄膜的单体和催化剂位于微胶囊化介质中;当心材为液体时,单体与催化剂或位于心材液滴中,或位于微胶囊化的介质中。单体来自于微胶囊化介质,并在心材表面形成聚合物薄膜,这是原位聚合法微胶囊化的根据。可用来作微胶囊化的介质包括水、有机溶剂或气体,但形成的聚合物薄膜不应溶于各微胶囊化体系的介质中。

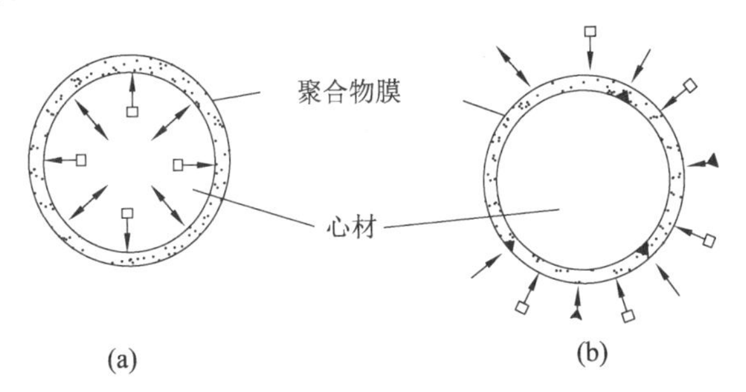

▲—催化剂;□—单体

图 6-4　原位聚合法微胶囊造粒示意图

当心材为疏水性液体或非水溶性固体粉末时,单体经常位于该心材中。在这种情况下,通常用水作微胶囊化的介质,而且需要几个小时才可完成。为使心材能在水中均匀地分散,除表面活性剂外,还可加入阿拉伯胶、纤维素的衍生物、明胶和水溶性的聚酰胺等,硅石粉或黏土也可加入分散介质中。聚合物在心材表面的沉积作用,是由它的溶解度较低而引起的。利用水溶液介质进行微胶囊化包括两个过程,首先将亲油性单体与亲油性心材混合并使其呈微滴状,其次从水溶液介质中提供水溶性单体。

当心材是水溶液或亲水性材料时,可用有机溶剂作为原位聚合反应的介质,所用的有机溶剂与水不相溶或与水不发生反应。疏水性固体粉末的微胶囊化亦可通过此法实现,但如果聚合物是在固体粉末表面以外处聚积则不能获得微胶囊。因此在聚合反应开始前,需在固体心材表面放置一些催化剂通过相分离法,先促使单体围绕在心材颗粒的边缘凝聚。在该法中,单体可以是气态或液态。若为气态单体,则聚合反应通常可在氮气中进行。

当在气体介质中进行微胶囊化时,聚合反应体系通常充满着惰性气体或被抽为真空。将单体、催化剂和心材混合呈现气溶胶状态,当聚合物在心材表面凝聚时便发生了微胶囊化。亦可将心材颗粒悬浮于流化床中,同时施放气态单体至悬浮的心材颗粒中,从而完成了微胶囊化。

（三）分子包囊法

分子包囊法，是一种发生在分子水平上的微胶囊化法，它主要是利用β－环糊精作为胶囊化的包覆介质。

环糊精是D－吡喃葡萄糖通过α(1－4)糖苷键连接而成的低度聚合物，通常用葡萄糖转移酶作用于谷物淀粉而制得。环糊精包括α、β和γ三种类型，分别由6、7和8个葡萄糖单元聚合而成。β－环糊精的分子结构如图6-5所示，在其分子的环形结构中极性羟基团位于环状糊精单位的边缘，伯位和仲位极性羟基从边缘伸出，因此单体的外表面（顶部和底部）具有亲水性。又由于氢和配糖的氧位于空洞内部，因此单体内部的空洞具有较高的电子密度和疏水性。β－环糊精特殊的分子结构，致使其具有有限的溶解度，并且可以使具有适当大小、形状和疏水性的分子非共价地与之相互作用而形成稳定的包合物。一般对于香料、色素及维生素等都可以与之形成包囊。

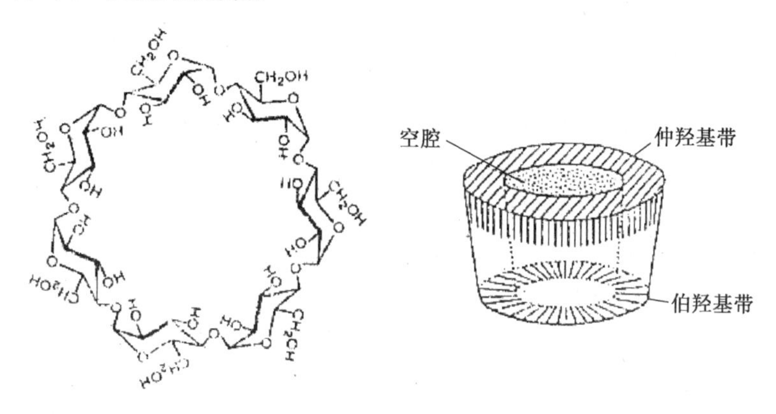

图6-5　β－环糊精平面与立体结构

在β－环糊精分子的环形中心的空洞部位，配料可以进入其中与其分子形成包囊物。这些包囊物的形成只能在有水存在时通过反应才能进行，因为β－环糊精分子的非极性基团占据的水分子可以被无极性的外来分子快速置换下来。这种被认为是比较稳定的最终包囊物,可以从溶液中沉淀析出并可通过过滤将其分离出来,最后用常规的方法进行干燥即可。

囊心物质的含量一般占整体的6% ~15%,这种无味晶状的包囊物由于核心物质与环糊精结合得非常牢固,温度即使高达200 ℃也不会发生分解。不过当这种包囊物被含在人们口中时,由于口腔中具有一定的温度和湿度,因而包囊物可以很容易地释放出来。

外来分子至少必须部分嵌入空洞,才能形成包囊物。由于包合物的形状类似于一个单分子,因此可以改变外来分子的理化性质。环状糊精包囊外来分子的方法有下列几种:

① 把环状糊精和外来分子混合在一起,然后搅拌混合(在某些情况下,若要包囊一种不溶于水的外来分子,首先必须用水溶性溶剂溶解它)。

② 把固体环状糊精与外来分子混合,加水制成糊状,在此过程中不用任何溶剂。

③ 把气体通入环状糊精溶液中(这种方法很少用)。

(四) 辐射包囊法

以聚乙烯醇或明胶为壁材,用 γ 射线、χ 射线或电子束辐照后使壁材在乳浊液状态发生交联,可得到球状实体微囊,然后将微囊浸泡于含心材的水溶液中使其吸收心材,待水分干燥后即得含有心材的微胶囊产品。

辐射包囊法成型容易,不经粉碎就可得外观呈粉末状的微胶囊,直径大小在50 μm以下,因此凡是水溶性固体心材均可采用此法。但由于辐射条件的限制,此法的推广比较困难。

以门冬酰胺酶为心材进行微囊化的制备为例:先将10%聚乙烯醇(或5%明胶)溶液600 g作为水相,液状石蜡400 g为油相,加硬脂酸钙(按油、水相总体积的1%)于油相中作乳化剂,搅拌30 mm即形成稳定的乳浊液,通入氨气于乳浊液中并进行辐射处理。辐射剂量为每小时25.8 C/kg(10^5R),总剂量为770 ~1290 c/kg($3 \sim 5 \times 10^6$R)。将辐射后的乳浊液取出,用超速离心机离心破乳,倾去析出的液状石蜡并用乙醚和乙醇洗涤微胶囊,再经真空低温干燥,即得外观呈白色的粉末状微腔囊球状实体。最后将聚乙烯醇(或明胶)微囊浸泡于门冬酰胺酶的水溶液中,溶液被吸干后置于干燥器中让水分蒸发掉,即可得到含有门冬酰胺酶的聚乙烯醇(或明胶)微囊,产品中天门冬酰胺酶与壁材的质量比为1∶1。

二、物理化学方法

通过物理化学方法实现微胶囊造粒的主要技术包括水相分离法、油相分离法、锐孔法等,这些方法在食品工业上均得到不同程度的应用。

(一)水相分离法

相分离法又称凝聚法,水相分离法是其中的方法之一,其基本原理如图6-6所示,是在分散有囊芯材料的连续相(图6-6a)中,利用改变温度,在溶液中加入无机盐、成膜材料的凝聚剂,或其他诱导两种成膜材料间相互结合的材料,使壁材溶液产生相分离,形成两个新相,使原来的两相体系转变成三相体系(图6-6b),含壁材浓度很高的新相称凝聚胶体相,含壁材浓度很少的称稀释胶体相。凝聚胶体相可以自由流动,并能够稳定地逐步环绕在囊芯微粒周围(图6-6c),最后形成微胶囊的壁膜(图6-6d)。壁膜形成后还需要通过加热、交联或去除溶剂来进一步固化(图6-6e),收集的产品用适当的溶剂洗涤,再通过喷雾干燥或流化床等干燥方法,使之成为可以自由流动的颗粒状产品。

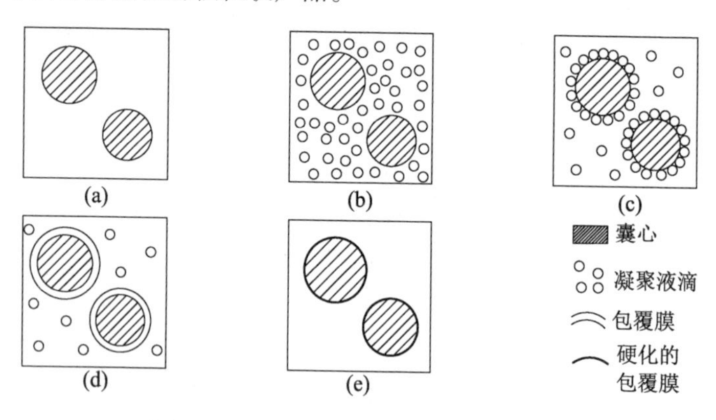

图6-6　凝聚相分离法制备微胶囊的过程

水相分离法分为复凝聚法和单凝聚法，前者是由两种带相反电荷的胶体彼此中和而引起的相分离，后者是由非电解质引起的相分离。由于水相分离法微胶囊化是在水溶液中进行的，因此心材必须是非水溶性的固体粉末或疏水性液体；油相分离法中心材、壁材的性质正好相反，即心材亲水，壁材疏水。

（二）油相分离法

水相分离法制备的微胶囊心材主要是疏水性物质，而更多的食品原料为水溶性的，因此以有机溶剂为连续相，对亲水性材料进行微胶囊化的油相分离法便相应得以开发。在制备微胶囊时，首先必须把囊心分散到有机溶剂中制成乳化分散体系，通常使用的有机溶剂有苯、甲苯、二甲苯、三氯乙烯、1,1,1－三氯乙烷、二氯甲烷、三氯甲烷、四氯化碳、二甲基亚砜、环己烷、正己烷、1－氯戊烷、石油醚、异丙醚等。作为壁材的合成高聚物种类很多，有聚乙烯、聚苯乙烯、聚氯乙烯、聚偏二氯乙烯、甲基丙烯酸甲酯、甲基丙烯酸异丁酯、聚乙酸乙烯酯等；化学改性的高聚物有乙基纤维素、苯基纤维素、硝酸纤维素酯、邻苯二甲酸乙酸纤维素酯、丁酸乙酸纤维素酯、羧甲基乙基纤维素等。化学改性的纤维素不仅有良好的成膜性能，而且无毒、有适当的溶解性能和生物降解性能，因此在食品微胶囊中得到广泛应用，特别是高取代度的乙基纤维素，其化学稳定性好，耐冷、热、强碱、稀酸；材料强度高，形成的膜透明、有弹性、韧性大、电绝缘性好，而且在消化过程中不溶于口和胃，只溶于肠道，可以作为肠溶型的包囊材料。三氯甲烷、四氯化碳、苯、二甲苯是乙基纤维素的良好溶剂，石油醚是其最常用的溶剂。

囊心颗粒在连续相中的分散状况对最终产品的影响很大，而聚合物在凝聚并吸附在囊心周围形成囊壁后，还存在着再次聚集，使微胶囊颗粒增大的趋向。研究发现，聚异丁烯在微胶囊形成过程中，作为聚合物稳定剂，其对微胶囊壁形成的厚度、微胶囊的释放速度有重大影响（表6-1）。但是，聚异丁烯浓度较低时有改善凝聚物稳定性，防止其聚集的作用，在浓度较高时，凝聚物因过于稳定而趋向于在介质中独立存在，不再附着在囊心颗粒表面。

表 6-1　聚异丁烯对水杨酰胺－乙基纤维素的影响

聚异丁烯浓度/%	吸附层厚度/μm	囊心含量/%	相对释放速度/%
0	19.2	47.6	100
5	17.2	51.2	20
7	17.0	51.4	20
7.5	10.3	66.2	25
8	2.4	90.7	139
9	1.2	95.1	224

实现油相分离微胶囊化的方法主要有三种,即添加非溶剂法、添加导致相分离聚合物法和温度调节法。

1. 添加非溶剂法

该法中聚合物、溶剂和非溶剂都需要是疏水性的,大多数的可溶性合成聚合物均可用来作壁材。聚合物、溶剂和非溶剂三组分的结合实例,如表 6-2 所示。溶剂必须是有机溶剂,但是非溶剂可以是有机溶剂、水或水溶液。

表 6-2　聚合物、溶剂与非溶剂的组分结合

聚合物	溶剂	沉淀溶剂(非溶剂)
乙基纤维素	四氯化碳	石油醚
乙基纤维素	苯	玉米油
硝基纤维素	丙酮	水
纤维素醋酸丁酯	丁酮	异丙醚
聚乙烯	二甲苯	1-氯戊烷
聚苯乙烯	四氢呋喃	水
环氧树脂	丁酮	乙醇
聚酰胺树脂	异丙醇	水

当心材为亲水性材料,如纯水、水溶液、水分散液或水溶性粉末时,则聚合物、溶剂与非溶剂基本上是与水不可混溶或疏水性

的。例如,常采用乙基纤维素、四氯化碳和石油醚的组合,对水溶液进行微胶囊化。在给定的聚合物溶液中,加入非溶剂所引起的相分离－聚合情况如图6-7所示。

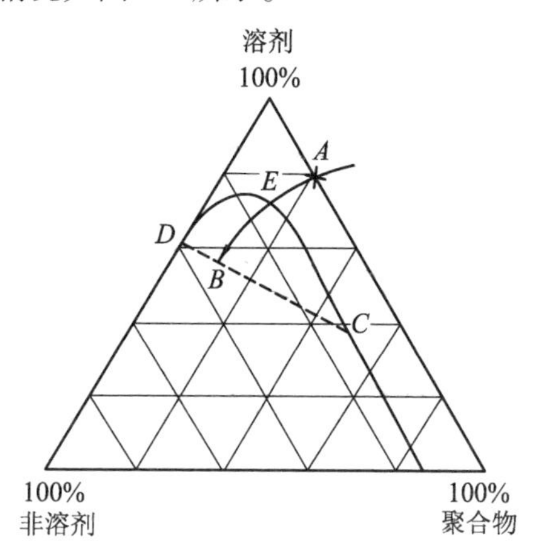

图6-7 加入非溶剂引起相分离－聚合的综合相图

由于这种微胶囊的囊壁是通过加入非溶剂形成的,所以该囊壁不可避免地残留有溶剂和非溶剂,必须全面处理才能使溶剂与非溶剂完全被除去,可通过用大量非溶剂反复洗涤、冷冻干燥或喷雾干燥达到目的,亦可通过蜡处理使微胶囊转变成双壁的微胶囊。

2. 添加导致相分离聚合物法

当在同一溶剂中溶解互不兼容的两种聚合物时会形成两个分离的液相。若在微胶囊壁材溶液相中加入与壁材不相容的另一聚合物,其结果如同加入非溶剂一般,能引起相分离,壁材聚合物存在于浓缩溶剂相将心材包埋。例如,在50 g含2%乙基纤维素的甲苯－乙醇(甲苯:乙醇＝4:1)溶液中加入4 g粒径200 μm的硝酸铵混合均匀,再加入25 g聚丁二烯作为导致相分离聚合物,搅拌15～30 min,乙基纤维素从溶液中析出并沉淀到硝酸铵颗粒表面,此时乙基纤维素以溶液状态存在,含有大量溶剂,但溶剂组成发生了变化,大多数为乙醇,少量为甲苯。壁膜形成后再加入15 g甲苯二异氰酸酯,与壁膜上的乙醇反应,生成塑性的非水溶性乙基纤维素囊壁。

3. 温度调节法

有些聚合物在溶剂中的温度－溶解度曲线非常陡峭,溶解度随温度变化很大,因此,可以利用温度的调节来实现聚合物的相分离。例如,将羟乙基纤维素在混合烃溶剂中溶解,加入心材后升温搅拌到聚合物溶解,然后在搅拌下缓慢降至室温,就可形成固化的微胶囊壁。

图6-8是一个由聚合物与溶剂组成的二元系统的温度－组分综合相图。这个系统的总组成在横坐标上用 X 点代表,而在相界或双结曲线 FEG 以上的所有各点都以单相的均态溶液形式存在。当系统的温度由 A 点沿 AEB 箭头方向下降并与相界在 E 点交叉(即进入两相区)时,溶解的聚合物就开始发生相分离,形成不混溶的小液滴。如果这个系统中还存在心材,则在适当的聚合物浓度、温度及搅拌条件下,聚合物小液滴便围绕着分散的心材颗粒凝聚,形成了初始的微胶囊。相界曲线表明,当温度继续降低时,一个相变为聚合物缺乏相(微腔囊介质相),而第二个相(包囊材料相)变为聚合物丰富相。例如,在 B 点作一条虚线,该线表明介质相基本上是纯溶剂(C 点),共存相(D 点)是浓聚物－溶剂的混合物。在实践中,可进一步通过聚合物丰富相失去溶剂使聚合物凝聚,从而使囊壁膜固化。

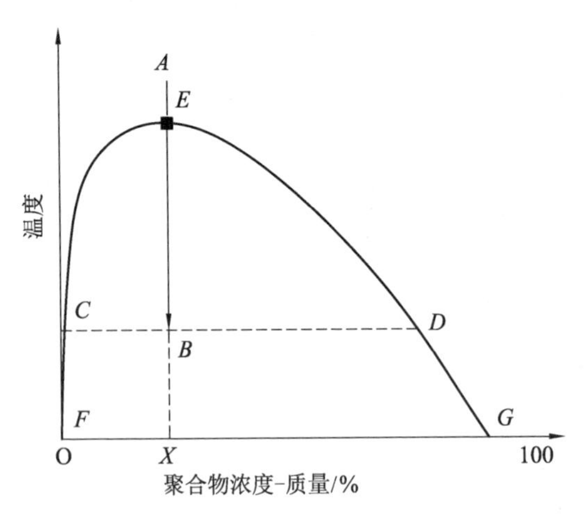

图6-8 温度引起相分离－聚合的综合相图

例如,乙基纤维素是一种水不溶性聚合物,利用其在烃类溶剂(如环己烷)中的温度溶解特性,用来作为一种水溶性心材的包囊材料。醚化纤维素含有相当高的乙氧基(高取代度),在室温时不溶于环己烷,但在温度升高时溶解。

以乙基纤维素作壁材为例:将乙基纤维素分散在环己烷中配成2%的溶液,同时加热至沸以使溶液均态化,再边搅拌边将心材分散于壁材溶液中,壁材与心材的配比是1:2,不断搅拌使混合液冷却以产生乙基纤维素的相分离聚合反应,实现对心材的微胶囊化。进一步冷却至室温,实现囊壁的固化。这样制得的微胶囊产品可用过滤或离心等方法从环己烷中分离出来。

(三)锐孔-凝固浴法

锐孔-凝固浴法是用可溶性高聚物包覆心材材料,然后通过注射器等具有锐孔的器具形成微小液滴,进入另一液相池,并在池中发生反应,使高分子材料凝结成固态囊壁,完成微胶囊包埋。与界面聚合法和原位聚合法不同的是,锐孔-凝固浴法不是通过单体聚合反应生成膜材料的,而是在凝固浴中固化形成微胶囊,固化过程可能是化学反应,也可能是物理变化。

锐孔-凝固浴法把包覆心材与壁材固化的过程分开进行,有利于控制微胶囊的大小、壁膜的厚度。常用的壁材有褐藻酸钠、聚乙烯醇、明胶、酪蛋白、琼脂、蜡和硬化油脂等。褐藻酸钠易溶于冷水,而且易形成透明而有很强韧性的薄膜,在凝固浴中遇到钙、镁、亚铁、锌等金属阳盐时,会迅速转变成褐藻酸盐沉淀,从水中析出;当遇到聚赖氨酸、聚精氨酸等阳离子高聚物时,也会在水中凝固。最常使用的凝固浴是氯化钙,形成的囊壁有足够的韧性强度,并具有半透性,是食品、医药微胶囊的首选。聚乙烯醇的水溶液有很好的黏度和成膜性,其分子链中有许多羟基,能发生酯化、醚化、缩醛化等反应,在硼酸、甲醛溶液、异氰酸酯的作用下发生凝聚而固化。明胶和酪蛋白都是可溶性蛋白质,在醛类或加热条件下都会发生固化。琼脂在水中加热到90 ℃以上可以形成溶胶,冷却到40 ℃就形成凝胶,把琼脂液滴加到乙酸乙酯等冷的有机溶液中就会发生凝固。蜡和硬化油脂也是利用它们的熔化-冷却固化反应来形成微胶囊壁材的。由于在凝固浴中的固化反应一般发生得很快,因此含心材的聚合物壁膜必须预先形成。锐孔装置的作用是利用压力喷射或重力作用,把在细孔中形成的小液滴送入凝固浴中。最简单的锐孔装置有三种基本类型。第一种结构为单锐孔型,由一根可装液体的管子和细口喷嘴组成,如图 6-9a 所示。对于此种情况,心材在壁材溶液中形成分散液或乳化液,通过管子末端滴落并在该乳化液或分散液穿过空气落下时呈球形液滴。然后,此小球滴在凝固液中固化。在该法中,心材可以是液体或固体。第二种结构为双层锐孔型,基本类型如图 6-9b 所示,这是一个双层流动喷嘴,由带同轴内外管的双锐孔组成。液态心材自内管流出,与此同时壁材溶液自外管流出,中央的心材就被壁材溶液包覆且自双层流动喷嘴中落下。这种方法所用的心材大多是液体。第三种结构是同轴双锐孔装置的改进型,基本类型的锐孔如图 6-9c 所示,这是一个同轴的双锐孔,内管的末端放在外管的内部,内管不与外管接触。固态或液态心材小滴自内管末端降落,冲击到外管末端形成的壁材薄膜上,形成了胶囊化产品。

对第二和第三种基本类型的锐孔作了许多改进。例如,通过改变喷射角度或变更结构达到可应用离心力的目的;通过使用转动齿轮以使液滴破碎成很细的液滴等。将类似图 6-9c 所示的许多锐孔安装成水平方向的放射状排列(图 6-10),即将许多锐孔镶嵌在外套管周围的壁上,外套管旋转的方向与内盘的旋转方向相反,且内盘的旋转速度比外套管的转动速度快。这样,固体或液体心材滴落到内盘中央,被离心力以水平方向抛出;壁材溶液自外管内口流出,越过障碍流向锐孔形成了液体薄膜;当抛射出的心材微粒通过此液膜时即被包住,再进一步通过离心力将其送入固化液中,最后用筛子将微胶囊自环流的固化液中分离出来。

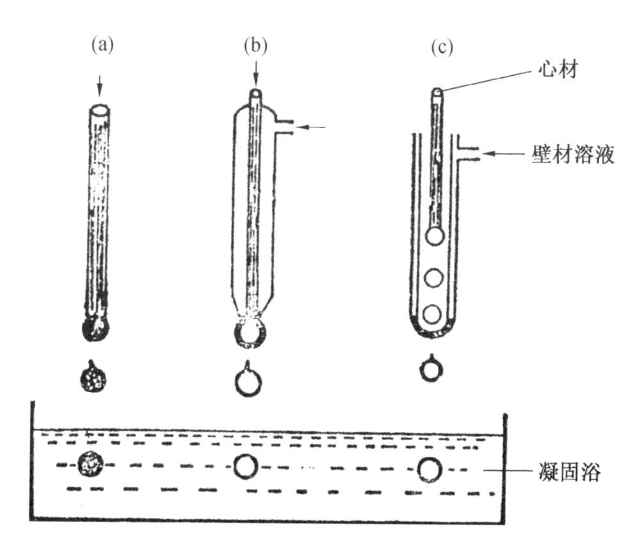

图 6-9　三种基本类型的锐孔

以薄荷油作心材为例：心材为薄荷油、聚合物溶液海藻酸钠1.6%、聚乙烯醇3.5%、明胶0.5%、甘油5.0%和水89.4%组成，凝固液是15%氯化钙，应用图9-10的装置进行胶囊化。图中，内盘直径为14 cm，旋转转速为1920 r/min；外管直径为20 cm，旋转转速为252 r/min；在外管壁表面配置有直径为1 mm的180个锐孔。

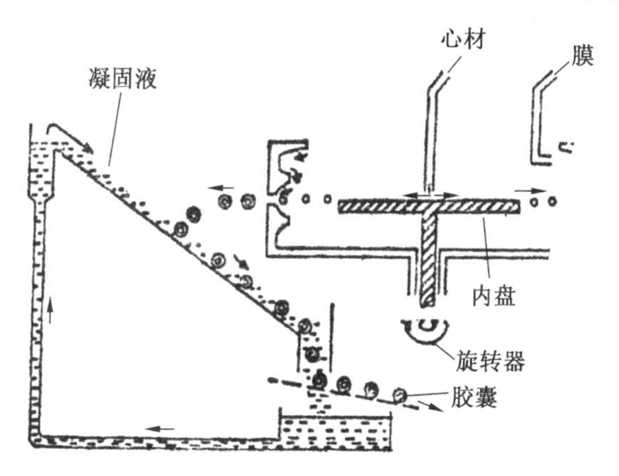

图 6-10　改进的锐孔法微胶囊造粒装置示意图

由该法制得的微胶囊产品，直径为 0.5 mm，壁厚为 10 ~ 15 μm。当外管的旋转速度增加时其操作效率将有所提高，但所得胶囊尺寸会减小。内盘的转速要比外管的转速高。胶囊的大小取决于外管的转速及聚合物液体的流速。

三、物理方法

通过物理方法实现微胶囊造粒的主要技术包括喷雾干燥法、喷雾凝冻法、空气悬浮法、静电结合法、真空蒸发沉积法和多空离心法等，其中前三种在食品工业中的应用较为普遍。

（一）喷雾干燥法

喷雾干燥法作为一种干燥技术业已广泛应用在食品工业上，它以单一的加工工序将溶液、悬浮液或其他复杂食品系统的液体一次性地转变成颗粒或粉末状干制品。由于液体物料被专用的雾化器雾化成无数个小液滴，这些液滴具有很大的表面积，在热空气流中的干燥速度很快，几秒钟之内即可完成。在喷雾干燥过程中，液滴物料从热空气中吸收能量迅速蒸发其所含水分，这使得物料本身的湿度始终较低，总是低于周围气流的温度。因此，喷雾干燥法特别适合于对热敏性物料的干燥。

微胶囊造粒技术的喷雾干燥法，是在上述干燥技术基础上发展起来的。这种方法的突出优点：① 适合于热敏性物料的微胶囊造粒；② 工艺简单，易实现工业化流水线作业，生产能力大，成本低。主要缺点：① 包囊率较低，心材有可能黏附在微胶囊颗粒的表面，从而影响产品的质量；② 设备造价高、耗能大。尽管有这两方面的缺点，但由于它的突出优点，现已成为应用范围较广的一种微胶囊造粒技术。

喷雾微胶囊造粒的原理：将心材分散在已液化的壁材中混合均匀，并将此混合物经雾化器雾化成小液滴，此小液滴的基本要求是壁材必须将心材包裹住（即已形成湿微胶囊）。然后，在喷雾干燥室内使之与热气流直接接触，使溶解壁材的溶剂瞬间蒸发除去，促使壁膜的形成与固化，最终形成一种颗粒粉末状的微胶囊产品。

调制由心材和壁材组成的胶囊化溶液（又称为初始溶液），对整个微胶囊造粒过程影响很大。主要的影响因素有:心材和壁材的比例,初始溶液的浓度、黏度和湿度。根据初始溶液的性质不同可分成水溶液型、有机溶液型和囊浆型三种。

1. 水溶液型

水溶液型初始溶液要求壁材能溶于水,心材是油状或固体非水溶性的,初始水溶液被雾化器喷雾成小液滴并进入干燥室内,当水分蒸发后即形成小球滴,使成膜材料以固体形式析出并包围住心材而形成微胶囊。这样制得的胶囊产品接近球状结构,粒径为5 ~60 μm,包囊粒子具有多孔性且密度较低,其心材含量通常不超过50%。有时为了提供必要的保护作用,囊心物质的含量还要低些。例如,要包囊具有挥发性的液体心材时,在初始溶液中的心材比例以低于20%为好。

2. 有机溶液型

有机溶液型的初始溶液,对疏水性材料、亲水性材料、与水反应的材料和水溶液的微胶囊化均很适合,壁材可使用非水溶性聚合物。先将心材乳化或分散到一种聚合物的有机溶液中,再通过喷雾法使该初始分散液微胶囊化。这样制得的微胶囊壁呈多孔状且易碎,通过增加壁材含量,减少心材含量,可得到紧密结实的囊型。一般来说,该法特别适合于制备干燥粉末状的微胶囊。

调制有机溶液型的初始溶液,必须避免使用易燃的溶剂和蒸气有毒的卤代溶液。为避免事故的发生,可使用极性溶剂和水形成的混合溶液体系。该法所制得的微胶囊壁膜极薄,因而心材含量大。在该法中,微胶囊的形成与性质一般受聚合物溶液的浓度及其黏弹性的影响。不过此类型通常不应用在食品工业上。

当用水溶液或有机溶液作为初始溶液进行微胶囊化时,会形成一些小于几微米的微胶囊难以被收集器收集而被抽吸排出。因此,在喷雾干燥法中,微胶囊的实际得率不可能达到100%。若采用小型的喷雾干燥设备进行实验室规模的微胶囊化时,其得率有时甚至低于50%。

3. 囊浆型

通过溶液为媒介制备微胶囊的其他方法(如水相分离法、油相分离法),在其微胶囊化液体介质中均较少黏结成团且可完全分散。然而,在许多情况下,将其转变为干燥的粉末相当困难。原因是,尽管经固化步骤已使微胶囊呈非水溶性,但其仍存有黏性或溶胀能力。当该胶囊通过滤布过滤得到干燥的滤饼时,将会彼此黏附形成絮凝物。

如果往上述已微胶囊化的浆状分散液中混入少量聚合物黏合剂,再经喷雾干燥,即聚集形成双壁微胶囊,或称为微胶囊簇。这种初始溶液,属于囊浆型。例如,利用明胶和阿拉伯胶通过水相分离法制得的含油微胶囊,在未加入固化剂前 pH 值维持在 4 左右,待微胶囊大小均匀时将此微胶囊浆喷雾干燥,通过喷雾干燥代替固化反应使囊壁变硬干燥。用此法制得的粉末状微胶囊,当放入温水中时,其壁壳可以溶解,从而释放出心材。该法可适合于温水溶性香料的微胶囊造粒。

(二) 喷雾凝冻法

壁材加热至熔融状态,再混入心材调成胶囊化熔融液;使用雾化器形成熔融状微胶囊细颗粒,采取冷凝的方法让壁材固化,即喷雾凝冻法。

显然,喷雾凝冻法是一种与喷雾干燥法相似的微胶囊造粒技术。两者的相似之处在于都是将心材分散于已液化的壁材中,利用喷雾法进行造粒并借助外界条件使胶囊化微粒壁膜固化。不同之处在于:① 壁材的液化方法不同。喷雾干燥法是将壁材溶解在某种溶剂中形成溶液,而喷雾凝冻法是通过加热手段使壁材变成熔融的液体状。② 胶囊化微粒壁膜的固化手段不同。喷雾干燥法是利用加热手段使溶解壁材的溶剂蒸发去除从而使壁膜固化,而喷雾凝冻法是借助冷却或冷冻方法使熔融状的壁膜固定。

室温下为固态而在适当温度下可以熔融的物质,如氢化植物油、脂肪酸酯、脂肪醇、蜡类、糖类和某些聚合物,均可作为壁材应用于喷雾冻凝。一些对热敏感的活泼物质,如维生素、矿物元素

(硫酸亚铁)和风味物质等,使用喷雾凝冻法造粒对保护其活性、减少损失具有很大的优势。用喷雾凝冻法所得的微胶囊颗粒产品,其粒度可得到精确的控制,影响粒径大小的因素与喷雾干燥法的相似,包括熔融液的黏度、浓度、雾化方法、进料速度以及心材与壁材的性质等。

例如,维生素 B_1(硝酸盐或盐酸盐)对碱不稳定,且具有明显的异味,这就限制了它在食品中的应用范围。若用微胶囊法进行包囊处理,既可提高它的稳定性,又能掩盖异味。采用喷雾凝冻法的具体操作实例:将 100 g 维生素 B_1(硝酸盐)分散于 200 g 预先加热熔化(70 ~75 ℃)的棕榈酸及硬脂酸甘油酯混合液中搅拌均匀,通过变形的多叶式圆盘,在 15000 r/ min 转速下进行离心雾化,所形成的细小液滴进入冷却室内在冷气流作用下冷却使壁膜固化,得到直径为 50 μm 的微胶囊产品。

喷雾凝冻法所用的设备装置与喷雾干燥法基本相似,只是后者的空气加热输送系统需换成冷气发生与输送设备,干燥室也需换成冷却或冷冻室。另外,调制初始熔融液时因需要加热操作故要用夹层缸,而在干燥法中所用的一般都是单层缸。图 6-11 为喷雾凝冻微胶囊造粒的装置示意图。

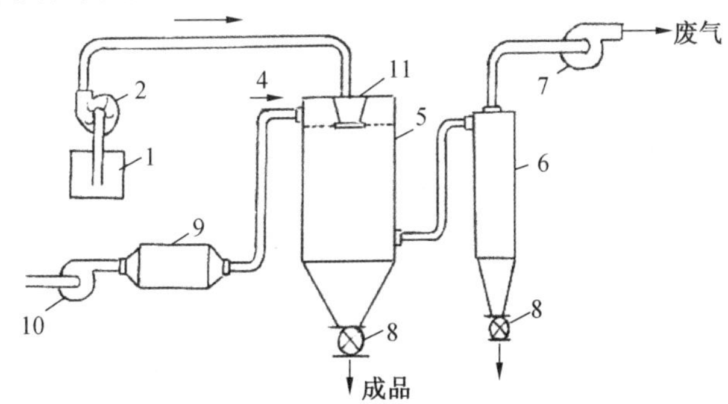

1—胶囊化初始熔融液调制缸;2—进料泵;3—胶囊化初始熔融液;
4—冷气;5—冷却塔;6—旋风分离器;7—排风机;8—旋转卸料口;
9—制冷机;10—送风机;11—雾化器

图 6-11　喷雾凝冻微胶囊装置示意图

喷雾凝冻法微胶囊造粒装置采用蒸汽压缩制冷方式，其制冷循环原理可借用图 6-12 所示的理想制冷循环来说明。

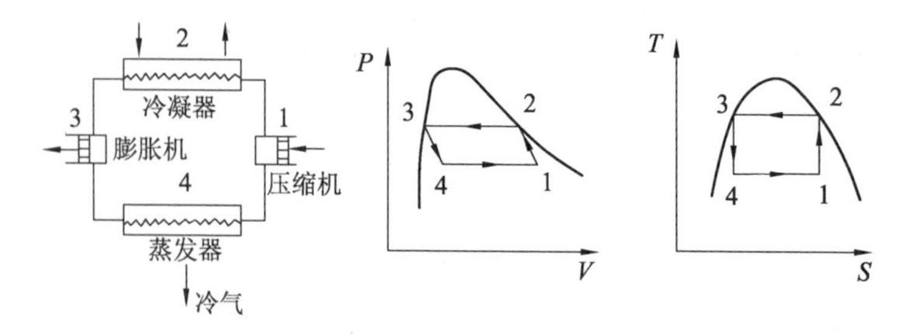

图 6-12　蒸汽压缩式制冷机工作原理

图 6-12 中，压缩机从蒸发器（冷气发生器）中吸入相当于状态 1 的制冷剂湿蒸汽之后，绝热压缩至更高的压力，同时温度不断升高。压缩后的蒸汽在干饱和状态下（点 2）被排入冷凝器，受到水或空气的冷却，由饱和蒸汽变成饱和液体（点 3），放出其热量，其冷凝过程为一等温等压过程。此饱和液体随即进入膨胀机，在机内绝热膨胀至状态点 4，其压力又从高压回复至低压，同时温度不断降低，然后开始等温等压的蒸发过程，并从冷物体吸取热量。理想化的蒸汽压缩式制冷循环是一个与逆卡诺循环相同的矩形封闭线。

（三）空气悬浮法

流态化技术是近 40 年来发展起来的一种新技术，它是使固体微粒与气体接触转变成类似流体状态的操作单元。由于此项技术具有设备结构简单、生产强度大及易实现自动化流水线作业等优点，故对处理固体颗粒有独特的优越性。在食品工业上，流态化技术在加热、冷却、干燥、混合、造粒、浸出和洗涤等各方面的应用日趋增加。将流态化技术与微胶囊技术结合起来即空气悬浮微胶囊造粒法，由美国威斯康星大学 D. E. Wurster 教授最先提出，故又称为 Wurster 法。

图 6-13 给出 Wurster 法所用装置示意图，它主要由直立的柱筒、流化空气床和喷雾器组成。柱筒分成成膜段和沉降段两部分，

后者的截面积较前者的截面积要大。

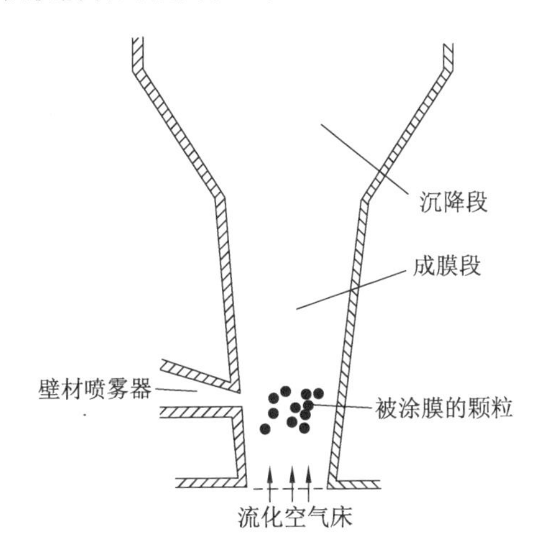

图 6-13　空气悬浮微胶囊造粒装置示意图

当空气气流速度 u 介于临界流态化速度 u_{mf} 和悬浮速度 u_t 之间时(即 $u_{mf} < u < u_t$),固体心材颗粒在流化床所产生的湍动空气流中剧烈翻滚运动,此时往这些作悬浮运动的心材颗粒外表面喷射预先调制好的壁材溶液使心材表面湿润(即包囊)。之后,心材表面的成膜溶液逐渐被空气流所干燥,(若采用加热空气则有助于加速囊膜的干燥),形成一定厚度的薄膜,由而完成心材的包囊与固化过程。

当心材颗粒被吹至柱体顶部时,由于截面积增大,顶部的空气流速减小,空气流不能较久地托住心材颗粒,它将向柱底部降落。在此升起、降落的循环往复期间,心材颗粒均被成膜至规定厚度。至此,停止喷涂,回收所生成的胶囊。有时可安装两个或两个以上的喷雾管,以适应各种成膜溶液的喷雾。当胶囊壁厚增至一定厚度时,湍动气流将支撑不住它们,从而降落到收集网筛中,然后自柱体的网筛中将胶囊取出。

图 6-14a 是空气悬浮法的基本装置。在该装置中,空气沿着柱壁吹动,因而避免了未干燥的成膜材料颗粒或液滴黏附在柱壁上。

图 6-14b 是一种改良的空气悬浮微胶囊造粒装置,它将一种像风车似的倒叶片装置于成膜段和沉降段中间,起旋转提升空气流的作用。由于叶片的存在,可使细粒自沉降回到成膜段。

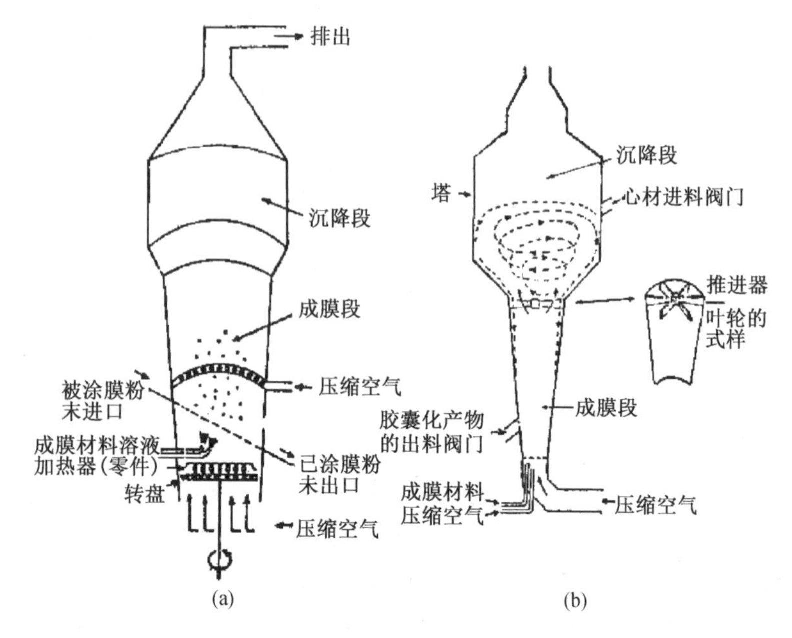

图 6-14　空气悬浮微胶囊造粒装置

空气悬浮法所存在的局限性表现在仅能用固体颗粒作为心材,较细的颗粒易被排出的空气带走而损失。此外,由于颗粒在柱中上下左右地运动,发黏的胶囊颗粒会因彼此碰撞而凝聚,干燥后的胶囊亦会磨损。由于上述情况的发生,会使胶囊化颗粒外观粗糙。

为了利用空气悬浮法使液态的材料微胶囊化,可将液态心材喷射成小滴,随后将它们冷冻干燥,或者将它们置于细粉状物质上将液体吸收而固化,然后将所生成的粉末状物质按照流化床成膜法胶囊化。

（四）静电结合法

先将心材与壁材分别制成带相反电荷的气溶胶微粒，而后使它们相遇，通过静电吸引凝结成囊。静电结合法微胶囊造粒的基本原理（图 6-15）：将带有相反电荷的心材颗粒和成膜材料经喷雾器释放到空中，使两者通过静电吸引而结合在一起。为了有效地通过静电结合作用完成微胶囊造粒，要求心材和壁材颗粒互不相溶且大小相似，而且壁材颗粒可以润湿心材颗粒。

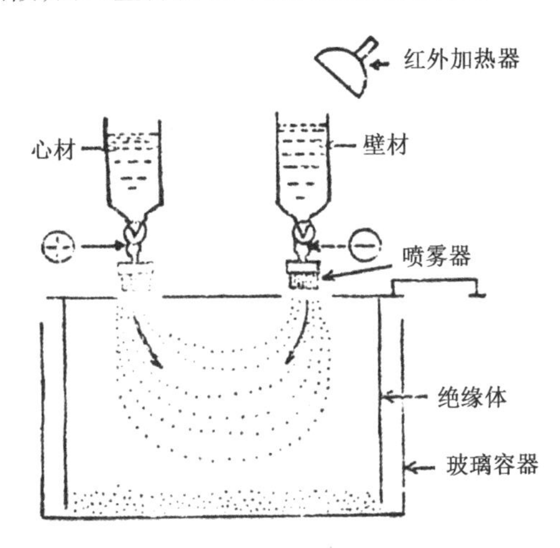

图 6-15　静电结合法微胶囊造粒装置示意图

心材的表面张力比成膜材料的表面张力高，液体心材的表面张力至少应为 0.05 N/m，壁材的界面张力为 0.02 ~ 0.03 N/m。在微胶囊化时，黏度虽没有显著的影响，但以较高的黏度为佳，如果黏度高于 1 Pa · s，则雾化心材就困难了。若心材为固体粉末，则仅需考虑它的可润湿性及粒度。为了获得良好的静电喷雾状物，所有的原料应具有 $10^{-3} \sim 10^{-6}\ \Omega \cdot m^{-1} \cdot cm^{-1}$的导电率。

（五）挤压法

顾名思义，挤压法是通过挤压实现微胶囊造粒的。1957 年，Swisher 首次成功地将之应用在香精的微胶囊造粒上。如图 6-16 和图 6-17 所示，香精油（心材）在合适的乳化剂和抗氧化剂作用下与呈熔融状的糖－水解淀粉混合物(壁材)混合乳化于密闭的加压容器中,所形成的胶囊化初始溶液通过压力模头挤成一条条很细的细丝状,落入兼冷凝和固化双重功能的异丙醇中。在搅拌杆作用下将细丝打断成细小的棒状颗粒(长度约为1 mm),再从异丙醇中分离出这些湿颗粒,经水洗干燥即得最终产品。

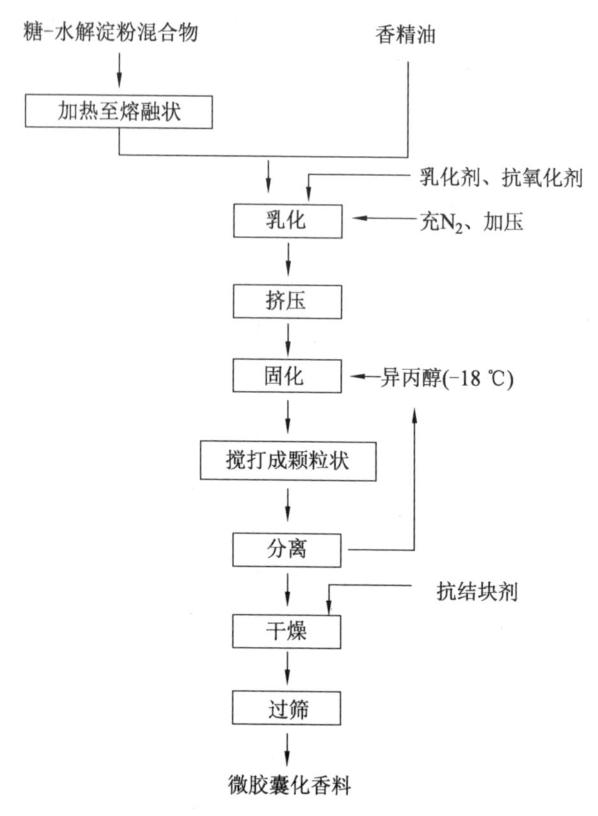

图6-16　通过挤压法对香精油实现微胶囊化

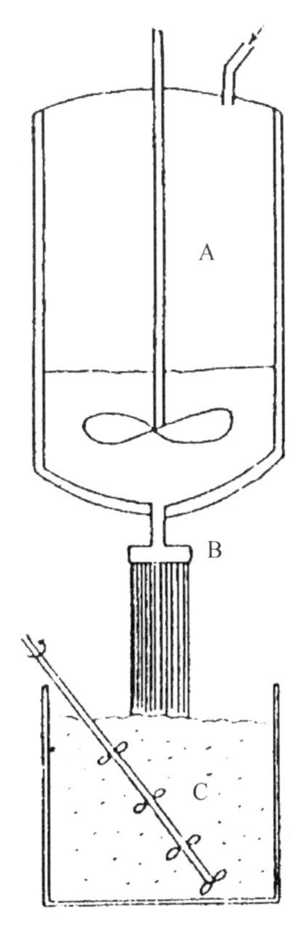

A—压力反应器；B—挤压模头；C—异丙醇浴

图 6-17　挤压法示意图

在挤压法中心材基本上是在低温下操作，故对热不稳定物质的包囊特别适合。该法已在胶囊化香精香料、维生素 C 等产品中得到广泛的应用。国外已问世了一百多种采用挤压法实现微胶囊化的粉末香料，这些产品的货架期大都可以超过两年。

第三节　微胶囊技术在食品中的应用

微胶囊技术应用于食品工业是从 20 世纪 50 年代末期开始的，但由于微胶囊产品的成本较高，在相当长的一段时间内微胶囊技术在食品中的应用受到了限制。随着生活水平的提高,人们更多地追求食品的营养、风味和功能,希望在食品中采用纯天然的风味配料或活性物质并且具有良好的贮存性能。传统的食品加工技术已不能满足这些要求,而微胶囊技术的独特功能可以使许多传统工艺无法解决的难题得以解决。这极大地促进了对微胶囊技术的研究和开发工作,使得微胶囊技术成为当前食品工业重点开发的高新技术之一,在食品工业中的应用越来越广泛,主要有以下几个领域:

一、食品及原料的微胶囊

(一)粉末油脂

油脂是组成人类膳食结构的必需成分,也是食品工业生产中应用最广泛的原材料之一,其需求量与使用量都非常大。但传统生产和使用的油脂,因不易保存,易氧化变质,影响了产品质量及货架期,而且使用也不方便,极大地限制了油脂在食品工业中的应用。采用微胶囊技术生产制造的粉末油脂,不仅克服了传统油脂的上述弊病,而且具有入水即溶,稳定性高,便于运输、生产、保存等优点,极大地拓宽了油脂的使用范围。因此,粉末油脂的生产成为油脂行业新的开发生产方向。

虽然早在19世纪末就有粉末油脂问世,但当时采用的多是冻凝固化法或物理吸附法,产品质量不尽如人意,应用范围受到限制。所谓冻凝固化法,就是将高熔点的油脂先加热熔化后再喷雾冻凝而成,它只适合于高熔点脂肪的粉末化。物理吸附法是用淀粉、糊精或面粉吸附油脂后干燥粉碎而成,这种产品中油脂的含量仅为25%~50%,油脂相并没被包囊住而仍直接与空气接触,易氧化变质。

近些年来,由于将微胶囊化技术应用到固体粉末油生产上,极大地提高了粉末油脂产品的质量,拓宽了应用范围。几乎所有的油脂,包括花生油、大豆油、小麦胚芽油、米糠油、玉米油、猪油、椰子油和棉籽油等,均可转化成粉末油脂。可用来包囊油脂的壁材包括明胶、阿拉伯胶、藻酸钠、卡拉胶、淀粉、改性淀粉、糊精、植物蛋白和结晶纤维素等。配合使用的乳化剂有卵磷脂、单甘酯和蔗糖酯等，有时还添加些磷酸钙和食盐等作稳定剂。

经常应用的微胶囊化技术主要有喷雾干燥法、水相分离法和分子包囊法等。下面举几个制备实例。

1. 猪油和棉籽油的微胶囊（喷雾干燥法）

壁材由 6.5 kg 酪朊酸钠和 5.8 kg 结晶纤维素组成；心材是 70 kg 的混合油脂，由猪油和棉籽油按 7∶3 比例混合而成；乳化剂用 500 g 蔗糖脂肪酸酯，另加 0.6 kg 的 Na_3PO_4 作稳定剂。制备时，先将 Na_3PO_4 溶解于 83 kg 水中并加入酪朊酸钠溶解后升温至 60 ℃，另将结晶纤维素溶解于 15 kg 水中，将上述两种水溶液合并后加入乳化剂搅拌均匀，并通过均质处理制得壁材水溶液。缓慢地往壁材水溶液中加入混合油脂，搅拌混合均匀后喷雾干燥而得粉末化油脂。这样制得产品中心材油脂含量为 85.5%，壁材蛋白质和纤维素含量分别为 7.2% 和 7.1%，水分含量为 0.3%。

2. 棕榈油的微胶囊（喷雾干燥法）

壁材为麦芽糊精和酪蛋白酸钠，心材∶壁材 =35∶65，加水量相对于固形物为 1.2 倍，乳化剂用量（以固形物计）为 1.25%，单甘酯∶蔗糖酯 =4.5∶1，酪蛋白酸钠最佳用量（以固形物计）为 4%，乳化温度为 70 ~80 ℃，包埋率为 98.05%，产品含水量为 2.0%，溶解性和流动性能良好。

3. 核桃油的微胶囊（锐孔—凝固浴法）

壁材为海藻酸钠，浓度为 1.5%，心材为核桃油，与壁材的配比为 3.6∶1，乳化剂为单甘酯，浓度为 0.2%，乳化温度为 60 ~70 ℃，凝固浴 $CaCl_2$ 的浓度为 2%，包埋率为 86.3%。

（二）固体饮料

利用微胶囊技术制备固体饮料，可使产品颗粒均匀一致，具有独特浓郁的香味，在冷热水中均能迅速溶解，色泽与新鲜果汁相似，不易挥发，产品能长期保存。例如，芦荟中含有多种游离氨基酸和生物活性物质，其营养价值和有效成分都很高。但新鲜的芦荟液汁中有效成分的性质不稳定，易挥发，而且芦荟汁中有一种令人难以接受的青草味和苦涩味,直接应用于食品不宜被人们接受。采用微胶囊技术将其包埋处理,可减少或消除异味,稳定其性质,并能延长保存期。

（三）风味乳

在乳品生产中,应用微胶囊技术可生产各种风味奶制品,如可乐奶粉、果味奶粉、姜汁奶粉、发泡奶粉、啤酒奶粉、粉末乳酒及膨化乳制品等。乳制品中添加的营养物质具有令人不愉快的气味,其性质不稳定、易分解,影响产品质量。将这些添加物利用微胶囊技术包埋,可增强产品的稳定性,使产品具有独特的风味,无异味,无结块,泡沫均匀细腻,冲调性好,保质期长。

二、食品添加剂的微胶囊

（一）香料香精

食品风味是微量食品质量的重要元素之一。由于风味物质挥发性强,在食品加工与贮藏过程中,各种条件(包括温度、pH 值、压力、密闭或开放式、时间和投料顺序等)均会对产品的风味造成影响。例如,条件没控制好,会导致风味成分的大量损失或劣变,引起食品品质的恶化。

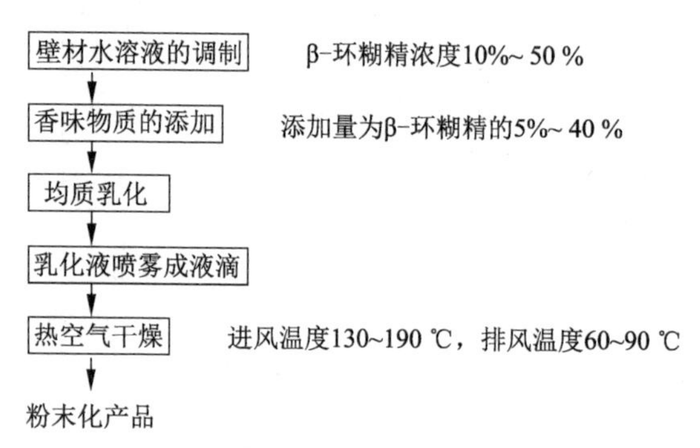

图 6-18 β-环糊精包囊并经喷雾干燥生产粉末化香料的工艺流程

针对上述情况,在应用微胶囊技术将液体香味物质包囊化或微胶囊化制得固体粉末香味料后,可克服上述大部分缺点,提高产品的质量。概括地说,粉末化香精香料的优点表现在:① 保护香味物质直接受热、光和温度和影响而引起氧化变质;② 避免有效成分因挥发而损失;③ 有效控制香味物质的释放;④ 提高贮存、运输和应用时的方便性。微胶囊技术在粉末香料生产中的应用,是此项技术在食品工业中已实现工业化生产的大宗用途之一。在全世界的食品香料市场上,粉末香料已占相当大的比例,如在美国市场上这个比例达50%以上。常用在粉末香精香料的微胶囊化技术包括喷雾干燥法、分子包囊法、水相分离法、挤压法和囊心交换法等。喷雾干燥法是粉末香料最常用的微胶囊化方法,具有方法简单、操作方便、生产成本低等优点。喷雾干燥法可使用的壁材有明胶、卡拉胶、阿拉伯胶、改性淀粉和β－环糊精等,若使用β－环糊精则属于分子包囊法与喷雾干燥法的结合,生产工艺流程如图6-18所示。

试验表明,壁材水溶液的固形物浓度越高,则香味物质的微胶囊化率越高;固形物浓度的最高上限受制于进料管道和泵所能操作的范围,通常控制在总量的50%以内。另外,与壁材相搭配的心材数量控制在10%～20%内,胶囊化效果最好。

一些天然香味料与β－环糊精形成的微胶囊复合物中,香精油所占的比例分别为香兰素6.2%、菠萝籽油6.9%、柠檬油8.7%、肉桂油8.7%、薄荷油9.7%、大蒜油10.2%、蒿油10.1%和芥子油10.9%。

相比于喷雾干燥法,用水相分离法生产的粉末香料质量更好一些,表现为胶囊的结构更结实且无外表残留油的现象。在水相分离法中,粉末香料仅是单一的油滴被壁材所包裹,因此得到的每一个粉末颗粒仅含有一个微囊胞,而在喷雾干燥法中每个粉末颗粒中可以包含多个微囊胞。图6-19给出用水相分离法(复凝聚法)制备粉末化白兰香精的工艺流程。

挤压法是生产粉末化香料的一种较新的微胶囊化法,它的特点是整个工艺的关键步骤基本上在低温条件下进行,而且能在人为控制的纯溶剂中进行,因此产品的质量较好。目前国外已问世了一百多种采用挤压法生产的粉末香料,产品品质均较其他方法的来得好。尽管成本较高,但在对香料品质有特别要求的情况下,挤压法还是要经常被应用,生产实例如图6-19所示。另外对一些成分比较复杂的天然香料,如柠檬油,其微胶囊化需用囊心交换法进行。

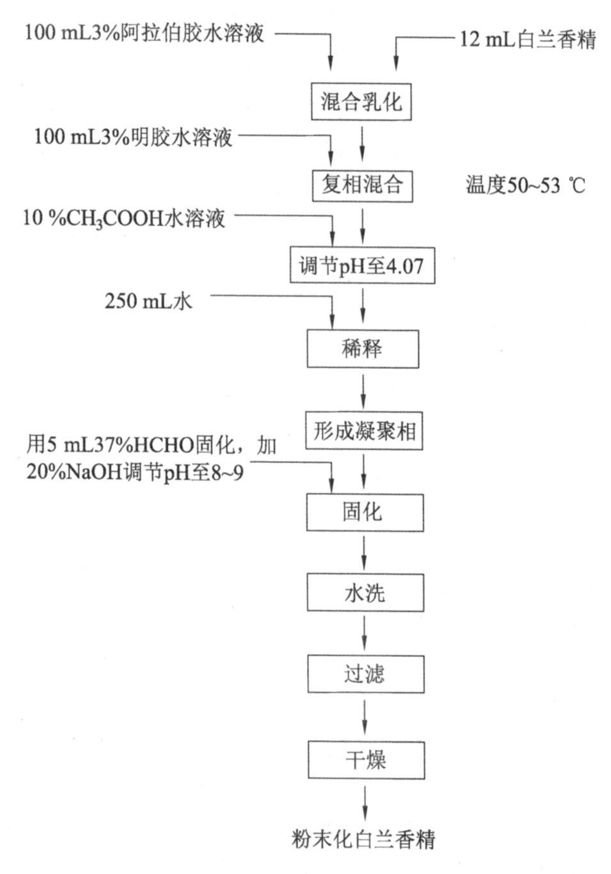

图 6-19　水相分离法制备粉末化白兰香精的工艺流程

经微胶囊包囊后的粉末化香精香料,不仅提高了产品的稳定性,而且极大地拓宽了香味料的使用范围。例如,在焙烤食品中添加桂皮醛可改善产品的风味,但桂皮醛会抑制酵母的生长繁殖,从而给应用带来困难。如果将桂皮醛微胶囊化,即可圆满地解决上述矛盾。在生产口香糖时,如使用微胶囊化的薄荷油,这种香料油只有与唾液接触时溶化了外包囊后物质才释放出来,因此能持久浓厚地释放出香味成分。在生产糖果巧克力时，使用粉末香精香料，有助于防止加工过程中香味成分的损失，同时提高了产品香味的持久性。在生产配制固体饮料时，粉末化香料比液体香料更有优越性。

（二）甜味剂

食品工业中使用的甜味剂通常是各种天然糖类产物，湿度、温度对这些甜味剂的性能有很大影响。将甜味剂微胶囊化后可使其吸湿性大为降低，同时微胶囊的缓释作用能使甜味持久。如甜味素（Aspartame）是一种二肽甜味剂，由天冬氨酸、苯丙氨酸和甲醇结合的二肽甲酯，甜味特性良好，甜度是蔗糖的180～200倍。但由于其酯键对热对酸不稳定，易分解，导致甜味的丧失。若用微胶囊技术进行包囊处理，即可克服这方面的缺点。另外，多元糖醇类甜味剂是一类有特殊用途的甜味剂，因为它们在人体内的代谢途径与胰岛素无关，故可供糖尿病患者食用。但绝大多数的多元醇（如山梨醇、木糖醇和麦芽糖醇等）吸湿性大，易吸湿结块而给贮藏和应用带来诸多不便，含有这些甜味剂的固体或粉状食品也易因吸潮霉变而影响产品品质。若用微胶囊技术进行包囊处理，可彻底解决这方面缺点。国外著名的箭牌口香糖中的甜味剂就是用硬化油包覆的微胶囊，具有贮存稳定、释放温度提高、释放时间延长等优点。许多人造甜味剂，如阿斯巴甜，在食品工业中的应用十分广泛，与风味物质相似，其不稳定，对热、湿敏感，易与其他物质反应。美国专利中介绍了将阿斯巴甜微胶囊化的方法：将阿斯巴甜与凝聚剂（如羟丙基甲基纤维素）加水混合润湿，经真空干燥、筛分后得到直径不超过0.43 mm的胶囊。这种胶囊单位时间的释放量与颗粒半径的分布有关，微小颗料在其中所占的比例越大，释放的速度越快。同时，选用不同水溶性的凝聚剂，可以调节阿斯巴甜的释放速度。

（三）酸味剂

常见的食用酸味剂包括醋酸、柠檬酸、乳酸、磷酸、酒石酸和苹果酸等。由于酸味剂的酸味刺激性会导致配料系统pH值的下降，当其与某些敏感成分(如不耐酸或对酸不稳定)混合时会产生某些不良影响。另外,某些酸味剂(如柠檬酸)的吸湿性强,易使产品发生吸水结块霉变现象。为了克服酸味剂可能带来的这些缺点,出现了微胶囊化酸味剂。已有多种微胶囊化技术,如喷雾干燥法、分子包囊法、油相分离法和空气悬浮法等,均可用来制备微胶囊化酸味剂。通过对不同包囊材料的选择来对产品进行不同的设计,可制得能满足不同用途的新产品。例如,被设计成能在冷水中溶解、能在热水中溶解或在较高温度下才能释放出的耐高温型的各种微胶囊酸味剂新产品。

在焙烤食品中,经胶囊化的酸味剂可充分发挥出其控制释放的优点。例如,胶囊化的酸味剂只有在焙烤后期当温度达到一定高度囊壁熔化时才释放出,这样可延缓酸味剂与其他配料的过早接触,避免可能出现的劣变现象。经胶囊化的柠檬酸或乳酸,用在某些肉制品中可简化加工工艺。例如,可免去发酵灌肠中乳酸酵母培养这一复杂的过程。而且,这种胶囊化酸味剂在生产的初始阶段就可直接加入,不必担心出现酸味剂与肉类蛋白质直接接触而引起蛋白质变性的不利影响。因此,美国目前常在肉禽加工中使用微胶囊化的乳酸或柠檬酸等,以改善产品风味,同时简化加工工艺。除此之外,微囊化酸味剂已广泛使用于布丁粉、馅饼、点心粉及固体饮料等多种方便食品的生产。

(四) 抗氧化剂

不饱和脂肪酸易于氧化变质,在食品工业中常用油溶性天然V_E作为抗氧化剂,其氧化产物可以与抗坏血酸反应重新生成V_E,但其氧化产物存在于油相中很难与水相中的抗坏血酸盐反应。最近研究用脂质体包埋抗氧化剂,如V_E被包裹在脂质体壁内,而抗坏血酸盐被亲水相捕获。微胶囊加入亲水相中,并聚集在水油界面,因此,抗氧化剂就集中在氧化反应发生的地方,也避免了与其他食品组分的反应。

(五) 防腐剂

食品中添加大量的防腐剂不仅影响产品的感观,而且对人类的健康也不利，为了解决这些矛盾，开发研制出了微胶囊化防腐剂，在实际应用中主要利用了微胶囊的控制释放和缓释性能。日本有微胶囊化的乙醇保鲜剂，在密封包装中缓慢释放乙醇蒸气以防止霉菌生长；他们开发的质量分数为6%的乙醇微胶囊，杀菌能力相当于70%的乙醇，即将微胶囊化的乙醇置入乙醇蒸气不易透过的密封包装中，利用胶囊缓慢释放的乙醇气体达到杀菌防腐的目的。选用山梨酸作为防腐剂并用硬化油脂为壁材形成的微胶囊，一方面可避免山梨酸与食品直接接触，另一方面可利用微胶囊的缓释作用，缓慢释放出防腐剂以达到杀菌的目的。有专利报道，采用硬化油脂为壁材包埋山梨酸，既可避免山梨酸与肉制品直接接触，还可以通过壁材缓慢释放出山梨酸而起到防腐杀菌作用，延长肉制品货架寿命。

（六）酶制剂

在食品工业中，从食品保鲜到食品生产等各方面，微胶囊酶都得到了深入全面的应用。溶菌酶作为一种天然防腐剂，易与奶酪中酪蛋白结合，从而降低杀菌作用，采用脂质体包埋后，不仅能阻止溶菌酶与奶酪中酪蛋白结合，而且可使其定向到有腐败微生物处，从而极大地提高了杀菌作用。果葡糖浆是由葡萄糖异构酶催化葡萄糖异构化后生成部分果糖而得，葡萄糖甜度为蔗糖的70%，而果糖甜度是蔗糖1.5～1.7倍，因此当糖浆中果糖含量为42%时，其甜度与蔗糖相同。食品生产中提高了甜度，减少了糖使用量，且摄取果糖后血糖不易升高，更符合现代人保健观念，因此受到欢迎。但葡萄糖异构酶在温度超过70 ℃时容易变性失活，为提高其耐热性，Novo公司将其微胶囊化后成功用于果葡萄糖浆生产。

（七）膨松剂

利用微胶囊技术对膨松剂进行包埋，可有效地控制气体的产气速度，林家莲等用淀粉和固体奶油采用复相乳化法对 $Ca(H_2PO_4) \cdot H_2O$ 进行包埋，并在馒头中应用，试验发现可改善膨松剂的产气性能，效果佳。

（八）天然色素

一些天然色素在应用中存在溶解性和稳定性差的问题，微胶囊化后不仅可以改变溶解性能，也提高了其稳定性。赵晓燕等研究了番茄红素微胶囊在不同时间、光、热及微波条件下的稳定性。结果表明，番茄红素经微胶囊化后，在低温（4 ℃）、避光条件下贮藏，其色素保存率受温度影响较小，保存期明显延长，增加了产品的贮存稳定性，为番茄制品的护色与安全贮藏提供了参考和依据。

三、营养强化剂的微胶囊

食品中需要强化的营养素主要有氨基酸、维生素和矿物质等，这些物质在加工或贮藏过程中，易受外界环境因素的影响而丧失营养价值或使制品变色变味，给实际生产带来不便。例如，氨基酸在高温条件下易与可溶性羰基化合物（还原糖类）发生美拉德反应引起失效，部分氨基酸产品本身不稳定，且带有明显的异味。维生素大多不稳定，易受光、热、酸或碱的影响而被破坏；有的维生素色泽较深；且各种维生素相互之间还存在不相配伍的问题。矿物元素也有这方面的问题，如硫酸亚铁易被氧化而加深色泽，钙盐带有苦涩味，很多矿物元素带有明显的金属味。通过微胶囊技术，给这些令人不甚满意的添加剂粉末外包一层保护薄膜，隔断了与外界环境的接触，就能完美地解决上述困难。下面略举数例加以说明。

（一）通过锐孔法制备蛋氨酸微胶囊

壁材选用熔点为56～60 ℃的牛脂肪，加热至80 ℃使其熔化，加入相当于牛脂肪35%数量的蛋氨酸粉末（直径为0.1～0.2 μm），搅拌均匀后通过锐孔成形并落入由丙二醇与甲醇（2∶1）组成的混合液（40 ℃）中固化成膜，即制得蛋氨酸微胶囊颗粒，产品直径为0.5～1.0 mm。

（二）通过喷雾干燥法制备维生素E微胶囊

使用明胶为壁材，先配制3%的明胶水溶液，加入维生素E醋酸酯搅拌均匀形成稳定的乳化液，然后经喷雾干燥即得维生素E微胶囊颗粒，产品直径为20～400 μm。

（三）通过喷雾干燥法制备维生素 C 微胶囊

壁材选用乙基纤维素，先将乙基纤维素溶解于异丙醇溶剂中，加入维生素 C 粉末混合成均匀的悬浮液，经喷雾干燥脱除溶剂后即得维生素 C 微胶囊颗粒。

（四）通过油相分离法制备硫酸亚铁微胶囊

使用乙基纤维素和聚乙烯为壁材，将 15 g 乙基纤维素和 16 g 聚乙烯溶解于 1000 mL 环己烷中，加入 100 g 硫酸亚铁粉末，搅拌均匀后加入 300 mL 正己烷引起相分离凝聚形成胶囊囊壁，干燥后即得终产品硫酸亚铁微胶囊颗粒 112 g。

四、微生物的微胶囊化

双歧杆菌必须到达人体肠道才能发挥生理功能，而其对营养条件要求高、对氧极为敏感、对低 pH 值的抵抗力差，以及胃酸的杀菌作用等使得产品中绝大多数活菌未能发挥功能就被杀死了。采用微胶囊技术可以保护双歧杆菌抵抗不利的环境，有报道采用双层包裹法处理双歧杆菌，即用棕榈油作内层壁材将双歧杆菌包裹起来，再用大分子明胶溶液包裹制成双层微囊，这样活菌数高、保存性好，可到达人体肠道，发挥相应的生理功能，真正起到有益于健康的作用。

微胶囊在食品中还有很多其他应用。例如，微胶囊技术在饮料方面的应用主要表现在：① 应用微胶囊技术对饮料中的敏感物质进行包埋，防止敏感物质在饮料加工过程中的损失和破坏，如茶叶中含有维生素 C、维生素 B、茶多酚以及茶中的芳香物质和色素物质等多种对外界因素（光、热、氧、酸、碱等）敏感的物质，因此在茶饮料生产中，要对茶叶中的敏感物质进行有选择地包埋处理，避免茶饮料在萃取、杀菌和贮藏中发生不利反应，最大限度地保持茶饮料原有的色泽和风味。梅丛笑等的研究表明，β－CD 对绿茶茶汤中的茶多酚和叶绿素皆有显著的包埋作用，可使沉淀量分别减少 58.61% 和 11.59%。② β－环糊精具有无味、无毒、化学稳定性好、吸附能力强、在体内易水解等优点，对茶饮料中的组分进行包埋处理以后，可大大提高茶叶敏感物质对外界环境的抵抗力，因而在茶饮料生产中得到广泛的应用。

第四节 微胶囊技术发展前景展望

微胶囊技术是当今发展迅速且应用广泛的高新技术之一，在食品、日用化工、医药、生物技术等许多领域中得到了广泛应用。微胶囊技术可以使许多传统技术不可能解决的问题得以解决，尤其是在食品工业中，过去由于技术水平不高而不能开发的一些食品成分，现今通过微胶囊技术得以开发生产，因此国际上将微胶囊技术列为21世纪重点发展和推广应用的高新技术之一。

微胶囊技术作为一种食品加工新方法，在欧美已十分普遍。同国外先进技术相比，我国的微胶囊技术还处于起步阶段，微胶囊产品主要以进口为主，因此还需要进一步拓展微胶囊技术的应用领域及基础理论的研究。通过分析近年来的文献报道，微胶囊制备技术的研究将呈现如下趋势。

1. 新囊壁材料的不断开发与研究

微胶囊技术中壁材的种类与组成直接影响产品的性能及微胶囊化工艺，壁材的选择是进行微胶囊化首先要解决的问题。因此对新壁材的开发研究一直是微胶囊技术一个重要的研究方向。近年来研发的新型壁材：① 各类性能优良的变性微孔淀粉；② 诱变或驯化特异微生物种合成的优质材料；③ 让蛋白原料和碳水化合物反应得到的美拉德产物等。

2. 微胶囊工业化生产技术及设备的研发

微胶囊化方法很多，且每年有大量的专利申请获得批准并进行转让，但其中绝大部分制备技术尚停留在发明专利上，没有形成工业化规模生产或应用范围过于狭窄，因此研发清洁环保、生产成本低廉、可连续批量生产的微胶囊工业化生产技术及设备是微胶囊技术发展的又一个重要课题，必须使许多实验室的研究成果尽早地投入实际生产。

3．利用微生物为原料制备微胶囊

利用微生物为原料制备食品微胶囊也应该引起人们的重视，但是这方面的工作却开展不多。在人们日益重视和追求营养与健康的21世纪，天然绿色产品更符合消费者的需求。目前利用微生物进行微胶囊粉末油脂生产的研究已日益增多，配合微生物合成的天然壁材原料制得纯生物微胶囊制剂，必将在不久的将来拥有最广阔的市场。

4．纳米微胶囊制备技术的研究

随着微胶囊技术向纵深发展，出现了很多新的微胶囊制备形态，如纳米微胶囊。由于纳米微胶囊具有其独特性质，即近乎完美的分散性和融合性，使它的应用领域更为广泛。因此，设计新的技术来生产制造纳米微胶囊，引起了国内外学者的广泛关注。

5．微胶囊技术基本理论的研究

微胶囊因其良好而特殊的功能特性，已广泛应用于各行各业，应用前景十分广阔。然而对于微胶囊技术本身，在理论上还有一些问题需要深入研究，如微胶囊的表征、心材的扩散及控释机理等，目前这些问题尚无一个统一的理论指导。

第七章　无菌包装技术

第一节　无菌包装技术概述

无菌包装技术，是指把被包装产品、包装材料、容器分别杀菌，并在无菌条件下完成充填、密封的一种包装技术。无菌包装产品储存于不透风、不透气甚至不透光的特定环境中，在常温下无须冷藏也能保存较长时期而品质不变。无菌包装技术在食品上的应用始于1913年丹麦人金森对牛奶进行的无菌灌装，随后1917年美国人佟克莱获得了食品无菌保藏方法的世界首项专利，20世纪70年代末以后，随着塑料包装材料的发展，无菌包装技术广泛应用于饮料、乳制品、蛋奶制品、调味品等多种食品的生产。无菌包装可以最大限度地减少食品在杀菌包装过程中营养成分和原有风味的损失，延长罐装产品的货架寿命，同时降低包装费用。与传统包装技术相比，无菌包装具有杀菌包装一体化方式的优点，采用的材料多为铝塑、纸塑等密闭性很好的复合材料，因此能使食品在常温下保存很长时间。未来无菌包装将继续朝着包装材料的多样化、包装形态杀菌方法多元化的方向迈进，包装技术方面将重点攻克高黏性食品、固体食品、低酸性食品、含颗粒大的液体食品的包装工艺问题，而这些都有待相关包装技术的进一步发展。

一、无菌包装材料介绍

（一）无菌包装常用包装材料

1. 纸质包装材料

纸板材料有5层和7层两种，由聚乙烯、纸、铝箔等复合而成，因包装需要可制成纸盒。常用的纸盒包装形式有屋顶包和砖形包,此外还有枕形、三角形、斧形、方柱形、圆柱形等。纸质包装材料重量轻、成本较低、易回收,而且纸质材料可以在自然界分解,材料更环保,应用于袋装牛奶、糕点等食品的无菌包装。

2. 金属包装材料

金属包装材料以铝板为主,材料重、成本高、防水和气密性很好,但不易清洗和灭菌,应用于肉类罐头、灌装汽水、灌装啤酒等食品无菌包装,为了包装需要可制成金属罐。

3. 玻璃包装材料

玻璃包装材料材料重、成本低、透明,防水和气密性好,可重复使用和回收处理,不方便携带和灭菌,应用于瓶装牛奶、水果罐头、啤酒等食品包装。

4. 塑料包装材料

塑料包装材料重量轻,成本低,防水和气密性好,但塑料材料多为一次性使用,不易回收,很难在自然界分解,对环境污染较大。塑料包装材料应用于袋装咸菜、膨化食品、饮料等食品包装。

5. 复合包装材料

复合材料是指几种材料复合而成的固体材料,各材料在性能上取长补短,优于原单一材料而满足各种不同的要求。复合包装材料有金属与金属的复合材料,金属与非金属的复合材料、金属塑料复合材料、纸金属塑料复合材料、非金属与非金属的复合材料、纸塑复合材料。由于纸金属塑料复合材料在综合性能上具有纸金属和塑料的优点,因此在食品包装中使用较广泛。

(二) 无菌包装中包装材料的特点

1. 强度高

产品在销售的过程中需要装卸、运输、摆放、仓储等,在这过程中易受到压力、振动力、冲击力等外界的破坏力,因此要确保包装材料有足够的强度,使食品包装在流通过程中不被损坏。

2. 耐灭菌工艺

无菌包装过程中对食品和包装材料在包装过程中分别进行灭菌处理,因此包装材料需要透过灭菌所需的热或射线,要求材质在灭菌过程中不被损坏,且保证均匀全面地做到彻底灭菌。

3. 具有良好的阻隔性

为了更好地延长食品的储存期,需要阻隔微生物及能够让细菌生长的空气和水分的进入,所以包装材料必须具备良好的阻隔性。

4. 具有良好的耐热、耐寒性

对需要加热或冷冻的食品,如果包装材料耐热、耐寒性达不到要求就不能保持其原有的性能,使得包装材料强度下降引起包装袋破损,不能对食品起到保护作用。

二、无菌包装技术工艺流程

无菌包装技术流程(图 7-1)包括:被包装产品的杀菌、包装材料的杀菌处理、包装机械及操作环境的杀菌处理,以及定量灌装、封合、装箱运出等。各工序环节都要保证食品包装操作的无菌条件。无菌包装与传统的罐装工艺和其他所有的食品包装的不同之处在于:食品单独连续杀菌,包装也单独杀菌,两者相互独立,这就比普通罐头制品的杀菌操作耗能少,且不需用大型的杀菌装置。无菌包装可实现连续灌装密封,生产效率高。

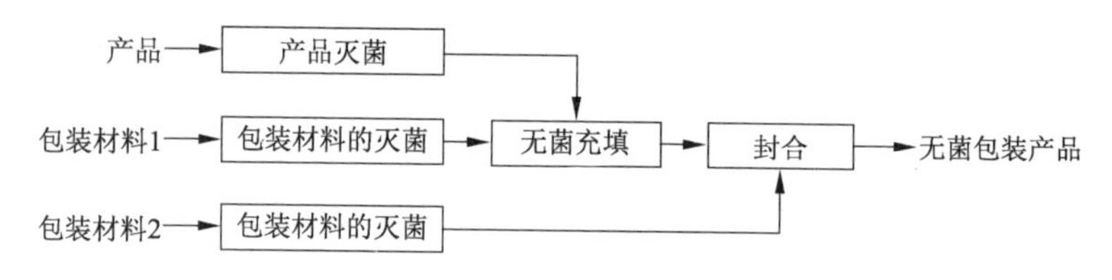

图 7-1 无菌包装技术流程

第二节　无菌包装体系及杀菌方法

一、食品中常用无菌包装系统

(一) 纸盒无菌包装系统

纸盒无菌包装设备类型主要有瑞士 Tetra Pak 公司的利乐包纸盒无菌包装系统。利乐无菌包装设备连续将纸坯制成容器、充填并密封,通常包装机生产能力为 4500 ~ 6000 包/h。有菱形(标准型)、砖形、屋顶形、利乐冠和利乐王等包装形式,容量从 125 ml 至 2000 mL 不等。目前我国普遍引进的是砖形盒利乐无菌包装设备。其容量装灵活性大,纸盒外形较美观、结实,产品无菌性可靠,生产速度较快,且设备外形高度低,易于实行连续化生产,主要应用于包装各种非碳酸饮料,特别是针对乳制品、果汁等的包装。

在利乐包装机上,包装材料向上传送时,其内表面的聚乙烯层会产生静电荷,来自周围环境的带有电荷的微生物便被吸附在包装材料上,并在接触食品的表面蔓延。因此,包装材料经过 H_2O_2 水溶槽时,经 35% 的 H_2O_2 和 0. 3% 湿润剂杀菌,达到化学灭菌目的。包装材料经过挤压辊时挤去多余的 H_2O_2 液,此后包装材料便形成筒状,向下延伸并进行纵向密封。无菌空气从制品液面处吹入,经过纸筒不断向上吹去,以防再度被细菌污染。利乐包的包装材料是由纸基与铝箔、塑料复合层压而成,厚约 0. 35 mm,复合材料由内及外的顺序为聚乙烯,铝箔,聚乙烯/纸或纸板/印刷油墨层/聚乙烯。纸或纸板层的作用是使盒子硬挺,有一定的刚度;聚乙烯层使盒子紧密不漏、保护纸和铝箔使盒子不易受潮和腐蚀,也便于成盒时加热塑封;铝箔是阻隔层,使制品不受光线、空气影响,保证包装制品有较长的保质期。

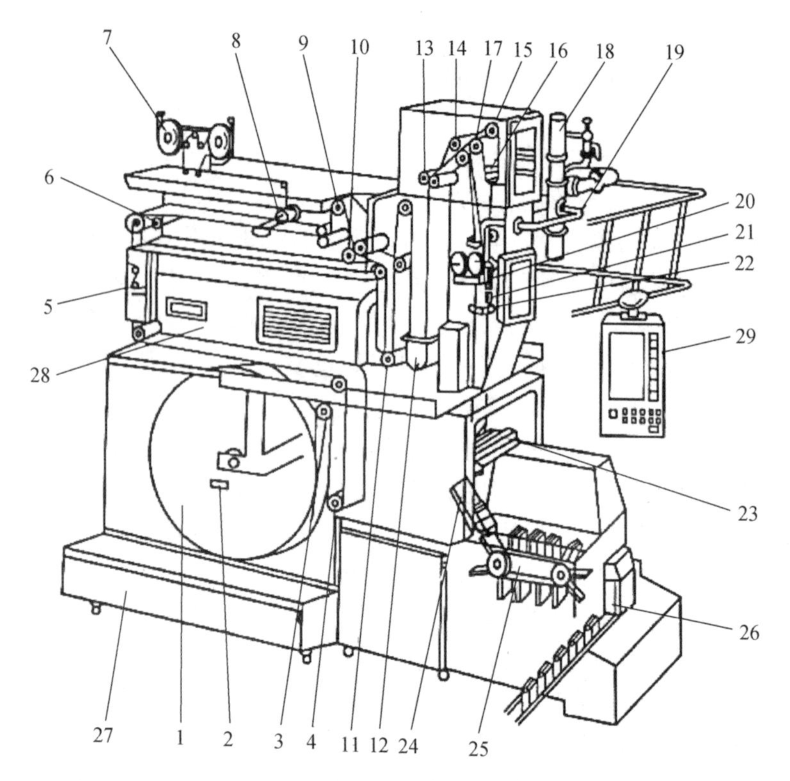

1—纸仓;2—光电检测器;3—主动滚筒;4,11—容让辊;5—打印装置;6—制动器;7—胶带轮;8—胶带贴加器;9,16—折痕轮;10—送纸被动轮;12—双氧水槽;13—挤压滚筒; 14—干燥器;15—上折痕轮;17—被动折痕轮;18—产品阀;19—灌注管;20—纵封喷嘴;21—短停喷嘴;22—成形环;23—横封装置;24—滑植;25—最后成形装置;26—成品输送装置;27—维护供应系统;28—电控柜;29—电控屏

图 7-2 无菌纸盒包装机总体结构图

(二)塑料杯无菌包装系统

塑料杯包装设备有热成形和预制杯两种,热成形杯有法国的 Erca、美国的 Thermo - form 和 Bosh 等公司生产的机型,而预制塑料杯有 Fresh fill 系统等。其中法国的 Erca 包装设备的包装材料采用一种中性无菌 NAS(neutral aseptic system)片材,不需用 H_2O_2灭菌,

而其他热成形或预制杯的包装材料仍采用 H_2O_2 灭菌。由于塑料材料耐热性较差,灭菌方法常用过氧化氢杀菌,也有用低浓度过氧化氢溶液与紫外线双重灭菌、无菌热空气相结合的技术。塑料杯无菌包装系统广泛应用于包装各种中性或低酸性食品,如奶制品、布丁、果汁、含肉或蔬菜的浓汤等。

（三）塑料袋无菌包装系统

塑料袋无菌包装设备以加拿大 DuPotn 公司的 Pre Pah(百利包)和芬兰 Eecster 公司的 Fin pah(芬包)为代表,两者都为立式制袋充填包装机。由于耐热性较差,对塑料包装材料的灭菌方法常用过氧化氢杀菌,也有用低浓度过氧化氢溶液与紫外线双重灭菌、无菌热空气相结合的技术。在我国塑料袋无菌包装系统已广泛应用于牛奶、果汁等低酸性食品的包装。

（四）塑料瓶无菌包装系统

塑料瓶无菌包装与纸盒、塑料杯、塑料袋无菌包装不同,通常采用吹塑工艺制成瓶后无菌充填并封口,由于容器形状复杂,表面积大,其无菌包装设备更复杂。目前有两种塑料瓶无菌包装设备,一种是吹塑制瓶时构成无菌状态并充填和封口,即吹塑瓶无菌包装系统;另一种是制瓶后在无菌包装设备内再消毒并无菌充填和封口,即预制瓶无菌包装系统。

（五）大袋或中袋无菌包装系统

大容量袋或容器无菌包装适用于果蔬产地将原料大量加工成浓缩果蔬汁后无菌包装,不仅保持了食品的风味和质量,而且因及时处理而减少了易腐原料的损耗。大容量的无菌包装可以在常温下长期储藏,有利于从产地长途运输到加工厂进行分装,由于包装量大易使软包装袋破裂,通常采用所谓的箱中袋包装形式,我国曾引进美国的休利(Scholle)、意大利的爱坡(Elpo)、德国的弗兰克(Frankia)三种类型箱中袋无菌包装系统,主要用于番茄汁的加工。

（六）马口铁罐无菌包装系统

马口铁罐无菌罐装设备主要为美国的多尔无菌灌装系统,该系统由空罐消毒器、罐盖消毒器、无菌灌装器、无菌封罐机和控制仪表组成。金属罐身、罐盖均采用 287 ~ 316 ℃过热饱和蒸汽喷射 45 s 进行灭菌,该方式足以杀灭全部的耐热细菌,因此无菌程度高,产品安全可靠,可包装布丁、奶酪、汤汁等。

(七) 玻璃瓶无菌包装系统

该系统由空瓶消毒器、无菌环建灌装器、瓶盖消毒器及压盖式无菌填充瓶机组成。整个系统采用过热蒸汽对瓶和瓶盖进行消毒和保持灌装和封盖时的无菌状态,空瓶送入消毒器内气阱,先抽成高真空以使气阱和瓶内空气净化,随后加 154 ℃、0.4 MPa 的湿蒸汽消毒 1.5 ~2 s。由于玻璃瓶仅表面受瞬时高热,因而玻璃瓶进入灌装器前很快冷却到 49 ℃左右。灌装器事先杀菌消毒,并通入 262 ℃过热蒸汽保持无菌状态,直注式环缝灌装器将等速流动的无菌产品注入瓶内。无菌压盖机类似普通的自动蒸汽喷射真空封瓶机,但用过热蒸汽保持无菌状态,可用于回旋盖和压旋盖封口。瓶盖从储盖器自动定向排列送到瓶盖消毒器,用过热蒸汽消毒后自动放置在进入压盖机且已灌装的瓶口上,随后自动压盖,包装成品送出机外。目前,玻璃瓶无菌包装系统广泛应用于果蔬汁、液态乳类、酱类食品和营养保健类食品的无菌包装。

随着科学技术的进步,以及消费者对食品营养、风味等要求的日益提高,无菌包装的应用范围将会更加广泛。

二、被包装物料的灭菌技术

食品无菌包装的被包装物料灭菌技术到目前为止主要是热力灭菌技术,又分为低温灭菌技术、高温短时灭菌技术和超高温瞬时灭菌技术。主要灭菌介质有过热蒸汽、饱和蒸汽、干热蒸汽、湿热空气等;物料的冷灭菌技术主要有紫外线灭菌技术、磁力灭菌技术、辐射灭菌技术、欧姆法加热灭菌技术、微波灭菌技术、超高压灭菌技术、膜分离灭菌技术、臭氧灭菌技术等。

(一) 热力灭菌技术

1. 低温灭菌技术(巴氏灭菌)

巴氏灭菌条件为 61 ~63 ℃下 30 s 或 72 ~75 ℃下 15 ~20 s。巴氏灭菌方法既可直接作用于产品,也可将产品充填并密封于包装容器后，在上述条件下杀灭包装容器内的细菌。巴氏灭菌可以杀灭多数致病菌，而对于非致病的腐败菌及其芽孢的杀灭能力不够，是一种比较温和的热处理形式，巴氏消毒处理不会引起食品营养价值的重大损失。但需与其他储存手段如冷藏、冷冻、脱氧等保藏方法相配合，才可达到一定的保存期要求。此法所需时间较长，对热敏食品不宜采用。

2. 高温短时灭菌技术(HTST)

72 ~ 75 ℃保持15 ~ 16 s杀菌或80 ~ 85 ℃保持10 ~ 15 s杀菌，主要用于低温流通的无菌奶和低酸性果汁饮料的灭菌。高温短时灭菌技术采用换热器在瞬间把物料加热到接近100 ℃，然后速冷至室温。此方法需时较短，效果较好，有利于产品保质，主要用于杀灭酵母菌、霉菌、乳酸菌等。此法用于处理食品中的番茄汁、乳酪等。

3. 超高温瞬时灭菌技术(UHT)

超高温瞬时灭菌是指在温度和时间分别为135 ~ 150 ℃和2 ~ 8 s的条件下，对乳品或其他食品进行处理的一种工艺。采用超高温瞬时灭菌，一般可较好地保持产品的营养、风味，其典型应用是对牛乳制品及部分蔬菜制品的灭菌。

表7-1　高温灭菌时芽孢致死时间及质量有关的食品成分保存率

温度/℃	芽孢致死时间	质量有关的食品成分保存率/%	温度/℃	芽孢致死时间	质量有关的食品成分保存率/%
100	400 min	0.7	130	30 s	92
110	36 min	33	140	4.8 s	98
120	4 min	73	150	0.6 s	99

（二）紫外线灭菌技术

利用波长260 nm的紫外线照射微生物，可以使其分子内部产生化学反应而致死。紫外线对液体物料的灭菌效果较为理想，使用时可使液体物料如饮料、牛奶等以薄层通过紫外线照射区，还可用于各种食品容器的杀菌。

（三）磁力灭菌技术

把需灭菌的食品放入相应磁场，经过连续搅拌，不需加热，即可达到灭菌的效果，而对食品中的营养成分无任何影响，此技术主要适用于各种饮料、流体食品、调味品及其他各种固体食品的杀菌包装。

（四）欧姆法加热灭菌技术

欧姆法加热灭菌技术在国外已经进入工业应用阶段，一些厂家已生产出可供食品厂应用的欧姆加热器。其优点是可以加工黏度较高或颗粒较大的液体食品，颗粒直径可达 2.5 cm。目前存在的主要问题是系统的预灭菌仍需采用过热蒸汽。因此在无菌系统的配置时要配成混合式。

（五）膜分离灭菌技术

膜分离灭菌技术在水的净化、乳清的分离中已有广泛的应用。在食品加工中，则是组合膜的开发和应用，主要用于浓缩果汁，方法是通过水果原汁超滤得到澄清汁与果酱两大部分，前者成为水、维生素 C、芳香成分等低分子物，后者为悬浮固形物、细菌、真菌等物。将澄清汁反渗透除去一部分水，将果酱灭菌后与脱去水的浓缩清汁调配即得浓缩果汁。膜分离技术浓缩的果汁产品浓度高，风味与营养成分损失很少，是果汁饮料加工有效的浓缩和灭菌方法。

（六）超高压灭菌技术

超高压灭菌技术就是将食品在 200～600 MPa 超高压下进行短时间处理，由于静水压的作用使菌体蛋白质产生压力凝固，达到完全杀菌的目的。微生物并非一个均一的体系，其中水、电解质、磷酸、脂肪酸、氨基酸等组成成分，具有多种不同性质和不同构造待征。在 200～600 MPa 的超高压下，由于组成细胞的各物质的压缩率不同，因此体积变化在不同方向上有所不同，在高压下产生断裂受到破坏，达到杀菌的目的。超高压杀菌技术具有对食品中的风味物质、维生素 C、色素等没有影响的优点，营养成分损失少，适用于果汁、果酱类食品的杀菌。

（七）臭氧灭菌技术

臭氧灭菌或抑菌作用，通常是物理、化学及生物学等方面的综合结果。其作用机理可归纳为：① 作用于细胞膜，导致细胞膜的通透性增加，细胞内物质外流，使细胞失活；② 使细胞活动必需的酶失去活性；③ 破坏细胞内的遗传物质或使其失去功能。臭氧灭菌技术多用于饮用水或食品原料的杀菌，近年来由于人们对臭氧利用技术了解更加深入，臭氧被广泛地用于食品的杀菌、脱臭、脱色等方面，尤其是用于解决固体食品在生产过程中细菌的二次污染问题。

三、包装材料的灭菌技术

传统的食品包装材料主要包括铁、铝、玻璃和塑料等，包装容器以金属罐装为主流。近年来，随着塑料工业的发展，又产生了很多新型的包装材料及容器，如多层铝箔、纸及塑胶的复合材料，聚乙烯（PE），聚二氯烯（PVDC）及乙烯醇（EVOH）等高阻隔性塑胶材料，以及多层材料和容器，如 PET 等。包装容器也从硬质趋向于软质和半硬质，如第一代的纸质方形盒及第二代的塑料制杯形物等。包装材料和容器的多样性，决定了其灭菌方法的多元化。对特定材料，灭菌方法的选择需要考虑到材料本身的特性，如外观、机械适性和保护性的变化，各方面的杀菌效率、经济性及安全性等诸因素。

包装材料的灭菌技术是无菌包装三大技术关键之一，灭菌的方法有物理法，如紫外线照射、γ 射线照射、热处理等；化学法，如过氧化氢（H_2O_2）、环氧乙烷等杀菌剂杀菌；化学和物理综合法，如过氧化氢和紫外线照射组合或乙醇和紫外线照射组合等。

（一）物理法

1. 热处理

热处理可以有效地灭菌，不会产生有毒物质，但对包装材料本身会产生有害的影响，能量消耗较大。热处理的介质有干热空气、过热蒸汽、饱和蒸汽和成型热等。

2. 辐射法

放射线辐射包括 γ 射线、β 射线和 χ 射线等。辐射法仅用于热敏性塑料瓶、复合膜及纸容器。辐射时,剂量过大会加速包装材料的老化和分解。因此,辐射剂量要限制,且包装材料需要较厚的保护层;紫外线杀菌在常温下即可进行,安全性高,可干式处理且价格便宜,很适合包材的杀菌。紫外线的缺点是易受物体表面凹凸不平的影响,杀菌效果随菌种不同而有较大差异;红外线辐射可以作为热源使用,一般不直接用于灭菌;微波对包装材料表面的灭菌效果不明显。

(二) 化学法

1. 过氧化氢(H_2O_2)的使用

过氧化氢对包装材料的适应性、杀菌的安全性和可信性是最佳的,也是当前无菌包装容器灭菌采用最多的药剂。过氧化氢杀菌能力强、毒性小、对金属无腐蚀作用,在高温下可分解成水和新生态氧,该新生态氧具有极活泼的化学性质,杀菌能力极强。分解产生的水在高温下几乎立即就能汽化,因此过氧化氢在包装材料上的残留量很少。

2. 环氧乙烷的使用

环氧乙烷的灭菌效果很好,但消毒时间过长,对乙烯塑料有渗透作用,残留量较高,不适于单独使用。

(三) 综合法

一般以过氧化氢处理为主,以加热或紫外线处理为辅,用来增强化学药剂的效果,并促使其挥发及分解。

1. H_2O_2 + 热

这是应用最多的方法,几乎所有包装材料都可用此方法处理。用过氧化氢浸泡或喷雾包装材料,然后加热,使残留在包装材料表面的过氧化氢挥发和分解,加热本身亦有抑菌作用。不同的设备,加热方式不同,但一般多为无菌热空气加热。

2. H_2O_2 + 紫外线

紫外线可以增强过氧化氢的灭菌效果(图 7-3)。在常温下,用低浓度过氧化氢喷雾处理包装材料或容器,然后用高强度紫外线照射,可以达到无菌要求。这种方法中过氧化氢用量极少。

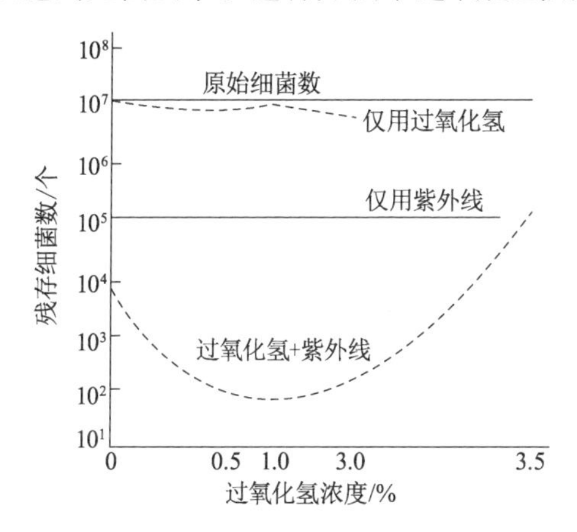

图 7-3　过氧化氢和紫外线并用的杀菌效果

3. 乙醇 + 紫外线

主要用于处理塑料薄膜。乙醇需进行过滤处理,循环使用。

四、包装环境的灭菌技术

无菌包装技术的一个非常重要的条件就是包装的工作空间无菌,以避免不洁空气对产品的二次污染。无菌环境就是在封口前物料和容器运行的空间环境是无菌的。无菌环境一般通过以下几个环节来保证。

(一) 清洗

清洗就是对物料经过的管道、容器进行清洗,以清除管壁及容器内壁的物料残留。一般根据物料的性质、生产时间的长短来选择清洗方式,可清水洗、碱洗和酸碱洗。

(二) 包装机械灭菌

在车间环境里,空气中所存在的细菌种类很多,这些细菌分散在空气及设备中,因此在生产之前,必须对包装机械进行预灭菌,以防物料染菌。容器及管道的灭菌放在清洗之后,一般采用以下两种方法:

1. 湿热灭菌

湿热灭菌即用热水及高温蒸汽，具有热传递效率高、应用稳定、灭菌效能易监测等优点。来自锅炉的高热水沿着物料管道运行，使管道、阀门及容器的温度控制在 120 ℃以上，保温一段时间后冷却，达到无菌状态。

2. 化学灭菌

采用35%的 H_2O，通过喷嘴喷到设备表面来灭菌。如在喷完之后，送上 100 ℃的热风，灭菌效果更好。

（三）车间环境空气灭菌

1. 干热灭菌

罐装机械的空间环境灭菌是通过干热空气进行的，灭菌操作开始后，通过加热装置对空气加热，热空气温度应控制在 200 ℃以上，通过热传导，使设备的部件温度上升到 160 ℃以上，保温一段时间后冷却。灭菌结束后停止热源，恢复初始状态。与湿热灭菌相比，干热灭菌过程中没有水分，故需要较高的温度才能达到与湿热灭菌相同的灭菌程度。这种方法能源消耗较高，一般用于生产线上桶、槽的灭菌。

2. 化学灭菌

化学药剂包括气体及液体灭菌剂，主要有卤素系（碘和次氯酸钠等）、过氧化物、醇类等。无菌室的灭菌多使用过氧化氢，通过喷嘴将其喷到每个角落，喷完之后，开启超高性能过滤器线路上的加热器，送上 100 ℃的热风，进行干燥、灭菌。

3. 紫外线灭菌

紫外线灭菌的特点是不像药剂灭菌会有残留问题。其穿透力弱，主要用于空气、水及包装材料表面灭菌，其中以对空气的灭菌最为有效。

（四）包装容器的填充与封口

充填与封口是紧接着进行的，对无菌包装来说是最后一个环节，也是关键的一个环节，其质量将影响产品的包装品质和储存期。这一环节的主要目的有两个方面，一是能防止微生物、气体和水蒸气浸入，二是不能让产品自身的气味和原味溢出。

第三节　无菌包装技术在食品中的应用

当今食品界典型的5种无菌包装形式的最新研究进展：在包装中添加袋装挥发性杀菌成分；在包装中添加杀菌材料；在包装材料表面附着杀菌材料；以离子键或共价键的形式在包装材料中固定杀菌材料；采用抗菌聚合物材料。

一、在包装中添加袋装杀菌成分

在包装中添加袋装杀菌成分是无菌包装技术在商业上最成功的应用，当前有三种主导方式：吸氧剂、吸湿剂和产生挥发性乙醇。虽然吸氧剂不能杀灭微生物，但能降低 Aw 值，从而抑制微生物的生长。吸氧剂和吸湿剂主要应用于面包、通心粉及鲜肉包装，以防止氧化和水分浓缩。乙醇挥发技术包括乙醇胶囊化于载体材料中或封于聚合包装中。由于产生的乙醇量相对较小，现仅用于水分活度较低的食品，如面包和干鱼的无菌包装。此外还有在鸡肉和鲜肉保鲜中使用吸收垫以吸收流出液的技术。例如，将有机酸和表面活性剂添加到吸收垫中，以防止微生物在富含营养的流出液中生长。

二、在包装中添加杀菌材料

在包装中添加杀菌材料已广泛应用于药物、纺织品和医疗器械及其他生化设备中，但在食品领域中的应用较少。在过去的几年，此技术得到了充分的发展。在杀菌材料中应用最广泛的是银取代的沸石，在沸石中的钠离子通常被银离子取代，银离子具有广泛的杀灭细菌和霉菌的功能。这些沸石通常以1% ~3%的量加到聚乙烯、聚丙烯和尼龙等材料中。最近还有人提出将多种抗菌材料相结合添加入包装材料中。例如，将溶解酵素和EDTA相螯合能杀灭革兰阴性菌，将EDTA添加到含有Nisin或溶解酵素的可食用性膜上能有效地抑制大肠杆菌。乳化剂和脂肪酸与Nisin相结合能降低细菌素的活力。将抗菌物从包装材料上逐步释放到食品表面要优于喷洒的方法。因为在后者中,抗菌物会因为食品中的其他组分的存在迅速失活。

三、在包装材料表面附着杀菌材料

不耐高温的抗菌物通常以此种方式应用于无菌包装中。此技术最早应用于水果和蔬菜的无菌包装上,在水果和蔬菜包装表面的蜡层中添加杀真菌剂能起到杀菌的作用,如在马铃薯表面添加铵盐以延长食品的货架期。其他早期的研究还包括在香肠和奶酪的蜡质和纤维质包装中添加山梨酸。可食用性膜,通常作为这些抗菌物的载体,包裹在包装食品的表面,如将 Nisin 添加到聚乙烯膜中。有人发现将 Nisin 添加到硅土表面能有效地抑制单核基因型细菌的生长,而且在较低疏水性的表面,Nisin 具有较高的抑菌活力。最新的技术还包括将 Nisin 添加到 PE、EVA、PPP、ET 和聚酰胺中,将 EDTA/Nisin 添加到 PVC、尼龙和 LLDPE 膜中。通过改变溶剂和多聚物的结构能提高对抗菌物的吸收。将膜经过氢氧化钠处理后,能提高对安息香和山梨酸的吸收,而且与未经处理的膜相比,更能有效地抑制霉菌。通过使用乙烯聚合乙醇、淀粉和干酪素作为黏合剂,能将葡萄糖氧化酶附着在纺织品的表面。

四、以离子键或共价键的形式在包装材料中固定杀菌材料

这种结合形式需要在抗菌物和包装材料中存在功能基团。抗菌物具有的功能基团包括多肽、酶、聚胺和有机酸。此外,抗菌物和多聚材料还需要“间隔(Spacer)分子”将多聚物表面和生物活性中性相连接。此间隔能保证生物材料的活性部分充分作用于食品表面的微生物。因此,此间隔对含有右旋糖苷、乙二胺、聚乙烯糖苷(PEG)、聚乙烯胺的无菌包装具有潜在的用途。溶解酵素与壳多糖酶以共价键相连时能抑制革兰氏阳性细菌。从动物、植物、微生物和昆虫中分离得到的一些多肽具有杀菌活力,它们能通过氨基或羧基以共价键的方式固定在多聚物表面,因此被应用到食品的无菌包装中。如一种有 14 个氨基酸组成的多肽通过固相多肽合成(SPPS)的方法与聚苯乙烯相结合,能杀灭食品中的多种微生物。采用 SPPS 方法的优点在于能保护氨基酸活性中心的活力。

最新的研究热点在于如何降低 SPPS 法连接多肽和聚合膜表面的成本及如何有效地增强多肽在聚合膜表面的杀菌功效。

五、采用抗菌聚合物材料

一些聚合物本身就是良好的抗菌材料，可以将它们直接应用于食品包装。阳离子多聚物如壳聚糖、多聚 L－赖氨酸能提高细胞的黏附力，因为带电荷的胺与细胞膜的负电荷相互作用能引起细胞内组分的渗漏。虽然壳聚糖的抗菌作用归于它本身的抗菌性，但更多的人认为是它在食品中的营养成分和微生物之间构建了一道屏障。丙烯酸膜在成膜过程中加入胺单体将具有杀菌功能，能延长蔬菜和水果的货架期。还有报道，多聚物中具有双胍的取代基团也能产生抗菌活力。通过物理方法改变多聚膜的性质能增强表面抗菌能力，如聚酰胺膜通过 UV 照射后具有杀菌效果。这是因为膜表面的胺浓度得以提高，吸附在膜表面带电荷的胺提高了细胞的黏附力。而经过 UV 照射的尼龙膜表面的胺基团具有杀菌能力，但是吸附在膜表面的细菌将会减弱胺基的杀菌功效。

无菌包装技术已广泛应用于食品的包装上，它能延长食品的货架寿命，增强食品的安全性，减少食品加工过程的二次污染。目前的研究仅限于开发新的抗菌物和多聚材料，调整浓度比例，探寻新的测试方法。今后，连接抗菌物和多聚物的材料、离子键或共价键的功能性表面、与胶囊化相连的指纹技术等方面将会在食品的无菌包装上扮演重要的角色。抗菌物对多聚物材料的影响也将得到进一步的研究，着重将抗菌物的生物活性部分直接与多聚材料相结合及开发新型具有光学活性和低毒性的抗菌物。智能型无菌包装也将有广阔的前景，据称这种包装能察觉食品中潜在的微生物，从而触发抗菌机制，杀灭有害微生物。

第八章　新型食品干燥技术

第一节　干燥技术概述

一、干燥技术的现状

我国干燥技术是自20世纪50年代逐渐发展起来的，常用的干燥设备主要有气流干燥、喷雾干燥、流化床干燥、旋转闪蒸干燥、红外干燥、微波干燥、冷冻干燥等设备，这些设备我国均能生产供应，对于一些较新型的干燥技术如冲击干燥、对撞流干燥、过热干燥、脉动燃烧干燥、热泵干燥等也都已开发研究，有的已进入工业化应用。

干燥技术既要研究成千上万种不同干燥物料的干燥性能，也要研究各种节能高效的新型干燥设备，以及研究一定的物料在某种干燥设备中的合理操作参数。人们一直希望通过干燥理论的研究建立干燥模型，以期在计算机上取得最佳结果。遗憾的是，直到今天，对于大多数干燥操作，在无经验的情况下，只能通过试验取得相关数据，以指导生产实践。

食品干燥技术是一个非常活跃的研究方向。食品通过脱水干燥，可提高原料中可溶性物质的浓度，阻碍微生物繁殖，抑制蔬菜中酶的活性，从而使脱水后的蔬菜能够在常温下较久保存，且便于运输和携带。食品干燥可采用常压热风干燥、真空冷冻干燥、微波干燥、远红外干燥、渗透干燥和过热蒸汽干燥。近年来新开发的干燥设备有喷射泵式真空冻干设备、真空油炸果蔬脆片设备、氮气干燥器、太阳能成套干燥设备、微波真空干燥机、振动流化床干燥机等。

食品干燥研究存在的问题:一是对各种脱水食品的复水性能缺乏研究,较少了解某些干制品改善复原性常用的手段;二是选择合适干制手段的能力较弱。近年来有过分夸大某种干燥方式的优点而忽略其缺点的趋势,例如,一味强调冻干产品品质的优点,而忽略其易吸潮、易碎、设备投资大、操作费用高等缺点。在保证品质方面,应开发选用不同干燥技术以适应不同食品原料的干制特性,从而保障干制品的品质。例如,真空冷冻干燥、过热蒸汽干燥分别适用于热敏性和过敏性物料的干燥;微波加热均匀,可以避免一般加热干燥过程由于内外加热不均而引起的品质下降,能充分保持新鲜食材原有的营养成分,并具有反应灵敏、便于控制、热效率高、无余热、无污染等显著特点;远红外干燥可使干燥效率和干燥质量显著提高;连续冷冻干燥则是一种发展趋势。

微波干燥、远红外干燥和超声波干燥是国际上应用较为普及的三种高效节能新技术。目前国际趋势是将微波或远红外与真空低温技术结合,避免内部升温失控。热泵和太阳能干燥是近年才应用在食品干燥中的节能新技术,但存在干制温度低、干燥时间较长的缺点。

二、干燥技术的发展方向

干燥操作涉及的领域极为广泛,在化工、医药、食品、造纸、木材、粮食与农副产品加工、建材、环保等领域,干燥操作常常成为其生产过程的主要耗能环节;同时,干燥环节对环境的污染也相当严重,干燥技术必须走绿色可持续发展道路。

(一)干燥技术、工艺不断改进

目前,我国多数产品的干燥操作是在单一干燥设备内、一种干燥参数下完成的。从物料干燥动力学特性可以看出,物料在不同的干燥阶段,其最优干燥参数是不同的。采用单一干燥设备和单一干燥参数,不仅造成能源与资源的浪费,还会影响干燥质量与产量。因此,首先必须从干燥工艺上进行改进,如采用组合干燥方式,即在物料的不同干燥阶段,采用不同干燥参数和干燥方式,可对干燥过程实现优化控制。同时吸收绿色设计的理念,改变粗放型的干燥方式，逐步向循环经济方向发展，即实现无废弃物、零污染排放、高效优化用能和优质生产。

(二) 进行全面节能技术改造，实现装备的升级换代

全面节能应包括过程节能、系统节能和单元设备节能等方面，其根本目的是提高能源的利用效率，以降低一次能源消耗和提高单位能耗产值。过程节能指生产过程的节能。对整个工业生产而言，就是争取实现循环经济，即上游生产的产品或副产品可作为下游生产的原料或燃料。在循环经济理念中是没有废物的，只有处于不同生产环节中的资源。例如，对干燥尾气的循环利用，既达到了节能目的，又防止了废气的排放。系统节能是指对干燥系统进行总能系统分析，以实现系统中各单元设备的优化配置，实现能源的对口合理梯级利用。单元设备节能包括干燥器和热源设备的节能改造。目前，在我国的干燥设备中，低效高污染的老式设备仍占大多数，低水平重复的现象仍相当严重。

除了采用经济和行业标准手段，逐渐淘汰这些落后设备以外，应当加大开发先进节能干燥设备的技术投入和推广力度，重视干燥基础理论研究，加快引进其他领域的科研成果，如热管技术、超临界流体技术、热泵技术、计算机智能技术、脉动燃烧技术等。干燥单元操作可以采取以下节能措施：提高入口空气温度，降低出口空气温度；降低蒸发负荷；预热料液；减少空气从连接处漏入；用废气预热干燥介质；采用组合干燥；利用内换热器；废气循环；改变热源；干燥区域保温，防止干燥过度。要采用先进的制造技术理念，如绿色制造，智能设计、并行设计技术，实现干燥装备的升级换代。

(三) 大力发展应用新能源与工业余热的干燥技术

大力调整和优化能源结构，是我国实施中长期能源发展规划的主要战略措施之一。我国有丰富的太阳能资源、生物能资源、风能和地热能，这些都是宝贵的新能源。国内外专家学者已对太阳能干燥技术进行了大量研究工作并取得了一些成果，譬如利用太阳能作为补充热力的热源已获成功。另外，可采用先进节能技术(如热管技术和热泵技术)对余热进行回收，以达到节能的目的。

第二节　新型食品干燥技术及在食品中的应用

一、微波真空干燥技术

微波真空干燥（Microwave Vacuum Drying，MVD）也称真空微波干燥，是一种新的干燥方式。它集微波干燥和真空干燥于一体，兼备微波及真空干燥的一系列优点，克服了常规真空干燥周期长、效率低的缺点，在一般物料干燥过程中，可比常规方法提高工效4～10倍。

（一）微波真空干燥的原理

微波是一种电磁波，可产生高频电磁场，介质材料由极性分子和非极性分子组成。在电磁场作用下，极性分子从原来的随机分布状态转向依照电场的极性排列取向，在高频电磁场作用下，造成分子的运动和相互摩擦从而产生能量，使得介质温度不断提高。因为电磁场的频率极高，极性分子振动的频率很大，所以产生的热量很高，当微波加热应用于食品工业时，在高频电磁场作用下，食品中的极性分子（水分子）吸收微波能产生热量，使食品迅速被加热、干燥。

真空干燥的机理是，根据水和一般湿介质的热物理特性，在一定的介质分压力作用下，对应一定的饱和温度，真空度越大，湿物料所含的水或湿介质对应的饱和温度越低，越易汽化逸出而使物料干燥。在真空干燥中，当真空度加大，达到对应的相对较低的饱和温度时，水或湿介质就激烈地汽化。水或湿介质沸点温度的降低，加大了湿物料内外的湿推动力，加速了水分或湿介质由湿物料内部向表面移动和由表面向周围空气散发的速度，从而加快了干燥过程。

微波真空干燥技术综合了微波和真空的优点，由于加热干燥的物料处于真空之中，水的沸点降低，水分及水蒸气向表面迁移的速率更快，因此微波真空干燥既加快了干燥速度，又降低了干燥温度，具有快速、低温、高效等特点，也能较好地保留食品原有的色、香、味和维生素等,热敏性营养成分或具有生物活性功能成分的损失大为减少,得到较好的干燥品质,且设备成本、操作费用相对较低。

(二)微波真空干燥技术的特点

1. 干燥效率高、时间短

传统干燥过程中,食物传热温度梯度是从外(高温)向内(低温)传递,与干燥水分汽化而产生的水分梯度形成由内(高压)向外(低压)的压力梯度正好相反;真空微波干燥过程中,水分传递方向和温度传递方向相同,传热、传质方向一致,从而使干燥过程中的水分传递汽化与热量传递条件得到了大大的提高,干燥速度要比传统干燥方法快很多,大大缩短了干燥时间。

2. 加热均匀,产品质量高

微波加热中,食物表面和内部同时受热,再加上食物中的自由水和结合水对微波能量的吸收及不同水分干燥过程中所需能量的不同,使得食物内部加热更加均匀。同时,由于内部不同水分对于能量的自动调节作用,微波能量对于食物的加热能够按需分配而避免过热。干燥是在真空条件下完成的,干燥速率快、干燥温度低、时间短,食物的色、香、味在干燥过程能最大限度地保持,很少能破坏食物中的营养物,产品质量也较高。

3. 具有一定的杀菌能力

微波除具有加热效应外,还具有生物效应,即生物体对微波的热效应。微波能被生物体吸收转化为热能,使生物体自身温度升高,生物体内的蛋白质由于吸收微波能而变性凝固,致使微生物凋亡,特别是霉菌及细菌。微波能能够在较低温度下将微生物杀灭,起到防霉、杀菌作用,使食物得到保鲜。

4. 节约能源,便于自动化、自控化

微波加热不需要传热介质,且其直接被食物所吸收,几乎没有热损失。同时,微波只是食物能够吸收,设备本身不吸收微波,并且食物在内部加热,食物的加热能够根据具体干燥条件而随时改变停止,便于自动化和自控化操作,没有余热。

5. 具有一定的“膨胀”效果，产品外观好

真空微波干燥特有的“膨胀”特性也是其重要的特点之一。在常规干燥中经常出现的问题是食物干燥后收缩，真空微波干燥由于水分快速蒸发，水分的汽化有效避免了食物外形产生的收缩，改善了食物外观特性，具有一定的膨化效果，特别适用于热敏物料的干燥，如果蔬、食品、药品、生物制品等。

此外，微波还具有消毒、杀菌之功效。但在微波真空组合干燥过程中，由于微波功率、真空度或物料形状选择不当，可能会产生烧伤、边缘焦化、结壳和硬化等现象。同时，为保障设备使用的安全性，微波泄漏量应达到国际电工委员会（IEC）对微波安全性的要求。

（三）影响微波真空干燥效果的因素

1. 物料的种类和大小

不同种类的物料因组织结构不同，水分在物料内部运动的途径不同，造成微波真空干燥的工艺也不尽相同。在微波真空干燥过程中，物料内部逐渐形成疏松多孔状，其内部的导热性开始减弱，即物料逐渐变成不良的热导体。随着微波真空干燥过程的进行，内部温度会高于外部，物料体积愈大，其内外温度梯度就愈大，内部的热传导不能平衡微波所产生的温差，使温度梯度增大。因此，一般要对物料进行预处理，变成较小的粒状或片状以改进干燥的效果。

2. 真空度

压力越低，水的沸点温度越低，物料中水分扩散速率越快。微波真空谐振腔内真空度的大小主要受限于击穿电场强度，因为在真空状态下，气体分子易被电场电离，而且空气、水汽的击穿场强随压力而降低；电磁波频率越低，气体击穿场强越小。气体击穿现象最容易发生在微波馈能耦合口以及腔体内场强集中的地方。击穿放电的发生不仅会消耗微波能，而且会损坏部件并产生较大的微波反射，缩短磁控管使用寿命。如果击穿放电发生在食品表面，则会使食品焦煳，一般 20 kV/m 的场强就可击穿食品。因此正确

选择真空度大小非常重要,真空度并非越高越好,过高的真空度不仅使能耗增大,而且使击穿放电的可能性增大。

3. 微波功率

微波具有对物质选择性加热的特性。水是分子极性非常强的物质,较易受到微波作用而发热,因此含水量愈高的物质,愈容易吸收微波,发热也愈快;当水分含量降低时,其吸收微波的能力也相应降低。一般在干燥前期,物料中水分含量较高,输入的微波功率对干燥效果的影响高些,可采用连续微波加热,这时大部分微波能被水吸收,水分迅速迁移和蒸发;在等速和减速干燥期间,随着水分的减少,需要的微波能也少,可采用间隙式微波加热,这样有利于减少能耗,也有利于提高物料干燥品质。

(四) 微波真空干燥在食品中的应用

国外在20世纪80年代已经开始了微波真空干燥技术的研究,主要集中在美国、加拿大、德国和英国等国家,他们的研究为该技术在食品工业上的应用奠定了良好的基础。

Drouzas和Schubert研究了微波真空干燥香蕉片。通过调节微波功率和真空度来控制产品的干燥过程,结果发现压力小于25 MPa、微波功率为150 W、干燥时间为30 min、控制产品的干基含水率为5% ~8%时,所得到的产品色泽亮丽,口感香甜,并且没有收缩。Cui等研究了微波真空干燥不同切片厚度的胡萝卜的温度分布及干燥过程中温度的变化,并通过引入微波真空干燥的理论模型加以改进。P. P. Sutar和S. Prasad等对胡萝卜进行微波真空干燥时,选用9个数学模型进行拟合。他们选定不同的微波密度、真空压力,设置干燥终点为干基含水率4% ~6%,最后显示Page模型最适合用来预测胡萝卜片的微波真空干燥,并且发现微波密度对干燥速率有显著的影响,真空压力对干燥速率影响不明显。Ressing等建立了二维有限元模型用来模拟微波真空干燥条件下面团的膨化脱水过程。该模型将热与固体力学有机地耦合,说明了面团膨化的机制:干燥室与面团中空气的压力差以及面团温度上升所产生的蒸汽。它还进一步表明物料温度分布与微波的穿透深度有关。Poonnoy 等建立了人工神经网络模型,用来展示番茄片的微波真空干燥过程。该模型为微波真空干燥的研究提供了一种新的途径和方法,可以避免物料的热损伤并提高干燥效率。但是该模型在预测温度和水分含量时可能出现不准确的结果,还需要进行进一步的研究。

我国在 20 世纪 80 年代后期开始对微波真空干燥进行研究。微波真空干燥可以划分为两个阶段:初始干燥阶段和第二干燥阶段。与传统的冷冻干燥不同,微波真空干燥的初始干燥阶段相对较短,而且温度上升得很快;在第二干燥阶段,温度上升得更快。这是微波加热的特点。有研究显示,微波真空干燥和冷冻干燥相比可以减少 40% 的干燥时间,得到的产品品质与冷冻干燥相似。微波真空干燥除了可以加快干燥速率,还能减少产品中微生物的浓度。黄姬俊等利用微波真空干燥技术对香菇进行干燥,按去除水分的速率将干燥过程分为加速、恒速和降速 3 个阶段;微波功率和装载量对干燥速率影响显著,真空度对干燥速率影响不明显。黄艳等利用微波真空干燥技术对银耳进行微波真空干燥,选取微波强度、真空度及初始含水率等因素研究它们对干燥速率的影响,结果显示微波强度对干燥速率的影响最大。李辉等研究了荔枝果肉的微波真空干燥特性,探讨不同微波功率、相对压力及装载量对荔枝果肉干燥速率的影响。结果表明:微波功率和装载量对荔枝果肉干燥速率的影响较大,而相对压力的影响不明显。魏巍等为了研究茶叶在微波真空干燥过程中水分的变化规律,以绿茶为原料,进行了微波真空干燥试验。他们绘制了微波功率、真空度与干燥速率的曲线,并建立了相关的干燥动力学模型。最后得出结论:绿茶的微波真空干燥过程可分为加速和降速两个阶段,无明显恒速干燥阶段;微波功率越大干燥时间越短,真空压力越低干燥速率越快,但当相对压力降到 −80 kPa 后对干燥速率的影响就不明显了。刘海军为了弄清果片内部的水分分布、温度变化,利用计算机得出微波真空膨化过程中的传质传热数学模型及体积膨胀数学模型,用来模拟干燥过程中果片内部传质和温度变化。李维新等为了避免糖姜焦煳，建立了糖姜微波真空干燥动力学模型。他们以湿糖姜为原料，研究真空度、功率质量比及姜块的体积对糖姜微波真空干燥速率及品质的影响。结果显示，糖姜微波真空干燥的动力学模型为指数模型，为实现糖姜的可控制工业化干燥提供了技术依据。田玉庭等选定微波强度和真空度，研究它们对干燥时间、干制品色度、多糖含量和单位能耗的影响。通过对试验数据进行多元回归拟合，建立了二元多项式回归模型，并确立了龙眼微波真空干燥最佳工艺参数为微波强度为 4 W/g，真空度为 -85 kPa。

二、中短波红外线干燥技术

热风固化或烘干需消耗大量的能源及时间，而使用红外线烘干设备可节能 60% 或提高生产效率至少两倍以上。随着干燥技术的日新月异，中短波红外干燥技术的优势体现出来。

红外线是介于可见光和微波之间的电磁波，波长范围为 0.76 ~1 000 μm，根据波长长短分为短波（近）红外（0.76 ~ 2 μm）、中波红外（2 ~4 μm）和长波（远）红外（1 ~1 000 μm）。中短波红外线技术起源于美国的航天工业，20 世纪 90 年代被引进中国，后逐步应用于各个领域。中短波红外线具有很强的穿透力，可直接穿透物料表面对内部进行杀菌，不会对物料的表面性状产生影响，并具有处理时间短、杀菌高效、环保、节能、无残留等优点，是一种很有潜力的新型杀菌技术。此外，中短红外线杀菌设备小、易操作、使用方便，有利于推广和使用。

（一）中短波红外线干燥原理

中短波红外线的热量传递大部分是通过辐射进行的，减少了传递过程中的热能损耗，在产品干燥过程中，尤其对薄层烘干，有着超强的优势，可以提高效率 2 ~8 倍。远红外的干燥技术虽然也是对物料进行辐射，但其只有能量的传递，远没有做到针对不同的物料采用不同的波长进行干燥。不同的物料，有着不同的红外的吸收波长，可以根据物料的这种特性，精准匹配波长进行干燥，可大大缩减干燥时间，提高效率和品质。

（二）中短波红外线干燥技术应用

中短波红外线具有较强的穿透能力，能在农产品干燥过程中做到内外一致，同时还能对物料进行杀虫和灭酶；由于红外加热时间短、速度快，使得水果、蔬菜、谷物等食品能更好地保持原有色泽。红外加热使得食品外表层变脆，相比热风等传统加热方式，能更好地保持食品的酥脆感，口感更佳，味道更好。鉴于红外线特殊的加热原理，经红外线处理过的食品，能更好地保持食物中的蛋白质和维生素等有益物质。

从烘干的效率、时间、风味等角度上考虑，采用中短波红外干燥与其他干燥方式联合使用效果更好，因为中短波红外干燥的设备投入较大，虽然运行成本不高，但是考虑到农副产品的季节性，中短波红外干燥的特性及整体的经济效益，将中短波红外干燥用在最初农副产品收获期和最末一段的烘干，尤其是最末段的烘干，效果更好。粮库里粮食的霉烂并不是因为粮谷没有烘干到位（水分测定是测定抽取样本的均值），而是因为极个别粮谷的水分没有烘干到安全线下，这些高水分的粮谷首先发霉，然后再慢慢扩散到其他地方连带周围的粮谷一起发霉，若给予足够的时间，这个粮仓里的粮食就都会发霉而失去食用价值。中短波红外恰好能够弥补这个常规烘干方式的不足，如果粮食经过气流干燥后进入粮仓前设置一个中短波红外干燥设备，就能够保证进入粮仓的每一颗粮谷的水分都在安全线以下，这样就能够保证整个粮仓贮存的粮食的安全。

另外，在实践中也发现，用中波红外烘干农副产品有个最大的特点是产品不变色，而且香味保留率很高。基于这个特点，可以在烘干的前段加一台中短波红外干燥设备，抑制多酚氧化酶活性，打断农产品与水之间的氢键，再配合其他节能的烘干方式进行干燥，必然会提高产品的品质，包括颜色和风味及有效成分含量。利用中短波红外加热抑制酶的活性，打断原料与水之间的氢键，后续任何一种干燥方式的干燥速度都会增加。通过降低空气中自由基的量也可以降低食品的变色程度，这是在空气清洁技术的使用过程中意外发现的，微波真空干燥也有护色的作用。

三、喷雾干燥技术

食品加工行业中最常用的干燥方式之一就是喷雾干燥。此技术虽已有100多年的发展历史，但在我国发展起步较晚，自20世纪50年代引进喷雾干燥机应用于染料干燥中后，喷雾干燥技术才在我国工业中得到应用。喷雾干燥技术最初被应用于乳粉制造过程，经研究发现喷雾干燥的参数可影响乳粉和乳清蛋白的物理和感官特性。随着研究的深入和喷雾干燥技术的完善，它逐步被应用到固体饮料及调味料的制造中。目前，这项技术在国内外食品、制药、化工、生物制品、建筑、环保等多个领域都得到了广泛应用。

（一）喷雾干燥技术的概念

喷雾干燥是指用雾化器把料液分散成雾状液滴，同时在热风中干燥，最终获得粉状或颗粒状成品的过程。由于料液的喷雾干燥是在瞬间完成的，因此必须最大限度地增加其分散度，即增加单位体积溶液中的表面积，从而加速热和质的过程（干燥过程）。

（二）喷雾干燥技术的原理

喷雾干燥的基本原理是物料经过过滤器由泵输送到喷雾干燥器顶端的雾化器，利用雾化器将液态物料分散成雾滴，由于雾滴半径较小，比表面积和表面自由能大，且高度分散，雾滴表面湿分的蒸汽压大于相同条件下平面液态湿分的蒸汽压，所以水分很快挥发，产品迅速得到干燥。

（三）喷雾干燥技术的特点

喷雾干燥技术是物料经过雾化器分散成雾滴，雾滴在沉降过程中，水分被热空气气流蒸发而进行脱水干燥的过程。干燥后得到的粉末状或颗粒状产品和空气分开后收集在一起，在这一道工序中同时完成喷雾与干燥两种工艺过程。喷雾干燥机由雾化室、干燥室、分离器、泵等构成，干燥室是喷雾干燥技术的核心。

1. 喷雾干燥技术的优点

① 干燥速度快、时间短。料液雾化后，表面积增大10000倍

以上。

② 产品品质好。喷雾干燥使用的温度范围广（80 ~ 300 ℃），即使采用高温热风，由于热交换主要用于蒸发物料水分，故出口温度仍不会很高，干燥产品品质较好，不易发生蛋白质变性、维生素损失、氧化等缺陷。因此，特别适合于易分解、变性的热敏性食品加工。同时，由于干燥过程是在热空气中完成的，产品基本能保持与雾滴相近似的空心颗粒或疏松团粒，具有良好的分散性、流动性和溶解性。

③ 工艺简单、控制方便。料液中水的质量分数通常为 40% ~ 60%，有些特殊料液水的质量分数高达 90%，也可不经过浓缩，一次干燥直接获得粉末状或微细颗粒状产品，可省去一些蒸发、结晶、分离、粉碎及筛选等工艺过程，简化了生产工艺流程。通过改变原料的浓度、热风温度、喷雾条件等，可获得不同水分和粒度的产品，易于操作，控制方便。由于喷雾干燥在全封闭的干燥塔中进行，干燥室具有一定负压，因而既保证了条件又避免了粉尘风扬。

④ 生产率高。喷雾干燥能适用于大规模生产，可连续进料、连续排料，结合冷却器和风力输送，形成连续的生产作业线，操作人员少、劳动强度低。

2. 喷雾干燥技术的缺点

① 设备较复杂，占地面积大，一次性投入多。

② 能耗大，热效率不高，动力消耗大。

③ 在生产粒径小的产品时，废气中带 20% 左右的微粒，需选用高效的分离装置，附属装置比较复杂，费用较高。

④ 干燥室内壁易于黏附产品微粒，腔体体积大，设备的清洗工作量大。喷雾干燥工程中，被干燥物料黏于干燥塔和旋风分离器内壁上的现象为黏壁。物料长时间停留在内壁上，由于物料有黏性会使干粉附着在黏物料上，使喷雾干燥出粉率大大降低，影响产品质量。

⑤ 温度高，易对活性成分造成破坏。由于喷雾干燥过程中温度过高，天然植物提取物或者医药产品中的活性成分常常因不耐

热而遭到破坏。

(四) 喷雾干燥技术在食品加工中的应用

随着喷雾干燥技术的完善和研究的深入,目前,这项技术已得到了广泛应用,尤其在食品加工业。20 世纪初期,该项技术首先应用于脱脂乳粉的制造,后来在乳品工业、固体饮料及固体调味料的制造上也广泛采用了喷雾干燥技术,从而使食品工业得到了长足的发展。

1. 喷雾干燥技术在果蔬粉加工中的应用

我国是农业大国,果蔬产业在国内已成为仅次于粮食的支柱产业。果蔬粉因其独具的优点,不仅能克服果蔬不耐贮藏、容易腐烂变质等缺点,而且能够满足人们对果蔬多样化、高档化和新鲜化的需求,所以具有广阔的开发前景。果蔬粉制备技术较多,如喷雾干燥、热风干燥、真空冷冻干燥、微波干燥、变温压差膨化干燥及超微粉碎技术等,但喷雾干燥因其特有的优点,使其在果蔬粉的加工中占据着十分重要的位置。Vaibhav Patil 等应用响应面法(RSM)优化了番石榴粉喷雾干燥工艺,当进口温度为 185 ℃、麦芽糊精浓度为 7% 时,番石榴粉含有丰富的维生素。王雅臣等研究了经酶处理的野木瓜速溶固体饮料的工艺条件,结果表明,野木瓜经酶处理,在进风温度为 175 ℃ 下进行喷雾干燥,可得到口味丰富、酸甜适宜的野木瓜速溶固体饮料。狄建兵等以山药为试材,将其预煮制浆后采用喷雾干燥法制粉,当料水比为 1∶2 (g/mL),进风温度为 160 ℃,进料量为 500 mL/h,助干剂添加量为 4% 时,制成的山药粉色泽洁白、粉末细腻,质量评价较高。

2. 喷雾干燥技术在速溶茶饮料中的应用

速溶茶饮料是一种能够迅速溶解于水的固体饮料茶,因具有冲饮携带方便、冲水速溶、不留余渣、农药残留少、易于调节浓淡或容易同其他食品调配等众多特点,越来越受到人们的青睐。毕秋芸以灵芝与红茶为原料,采用喷雾干燥技术研究了灵芝红茶固体饮料生产工艺条件,认为其最佳配方和工艺条件:红茶浸提液添加量为 15%、灵芝浸提液添加量为 35%、柠檬酸添加量为 1%、白砂糖添加量为 8%、麦芽糊精添加量为 15%；喷雾干燥最佳工艺条件为进风温度为 180 ℃、出风温度为 80 ℃、进料量为 25 mL/min。程健博等以黑苦荞麦为主要原料，采用喷雾干燥技术，研究制作速溶红枣黑苦荞奶茶的加工工艺，确定关键工艺喷雾干燥的进风温度为 185 ℃，出风温度为 90 ℃。

3. 喷雾干燥技术在食品添加剂中的应用

食品添加剂既能改善食品的色、香、味等感官品质，也能在一定程度上满足产品防腐和加工工艺的需要被誉为现代食品工业的灵魂。但是由于某些食品添加剂易受环境中光、氧、温度、水分等因素影响及食品添加剂自身存在的异味、臭味、辛辣味等不良气味，严重影响了其在食品中的应用。20 世纪随着微胶囊技术的诞生，这些问题都迎刃而解，而微胶囊技术的关键就是喷雾干燥。Ng Lay Tze 等研究不同的麦芽糊精浓度和喷雾干燥入口温度对火龙果甜菜红素含量的影响，得到的最佳喷雾干燥条件是入口温度 155 ℃和 20% 的麦芽糊精浓度。刘楠楠以明胶、阿拉伯胶为壁材，采用复合凝聚法对葱油香精进行包埋，以微胶囊包埋率为评价指标，采用响应面分析法优化了影响包埋率的主要因素：壁材浓度、心壁比和 pH。研究发现，复凝聚法制备葱油香精微胶囊的最佳工艺参数：壁材浓度 1.82%、心壁比 1∶1.87、pH 4.16。在此基础上，采用喷雾干燥法可以制备出葱油香精微胶囊白色粉状产品，微胶囊粒径大小较为均一，体积平均粒径为 65.54 μm。

4. 喷雾干燥技术在保健食品中的应用

近年来，随着居民的经济和生活水平不断提高，一些现代文明病，如高血压、高血脂、糖尿病等也不断涌现。鱼油中富含 ω-3 系多不饱和脂肪酸（DHA 和 EPA），具有抗炎、调节血脂等功效，被誉为保健食品中的“常青树”。随着我国国民经济的持续发展和城乡居民生活水平的不断改善以及人口老龄化的不断加剧，鱼油市场不断扩大，鱼油消费也开始迅速增长。但是由于鱼油中的多不饱和脂肪酸（DHA 和 EPA）极易氧化，严重阻碍了其在保健食品中的应用及市场需求，而鱼油微胶囊化不仅可以有效防止其氧化变质，而且能够掩盖鱼腥味。Sri Haryani Anwar 等研究了各种干燥方法制备的微胶囊鱼油，比较了喷雾造粒干燥(SG)、喷雾干燥(SD)、冷冻干燥(FD)三种方法制备的微胶囊鱼油的稳定性。蜂胶含有丰富而独特的生物活性物质，具有抗菌、消炎、止痒、抗氧化、增强免疫、降血糖、降血脂、抗肿瘤等多种功能，对人体有着广泛的医疗、保健作用，是一种具有较高保健功能的产品。张英宣采用喷雾干燥法对蜂胶提取物进行微胶囊化处理，通过测定微胶囊化蜂胶中主要活性物质总黄酮的活性，探讨蜂胶喷雾干燥法微胶囊化的工艺。试验表明，以阿拉伯树胶和糊精 1∶1 比例混合作为壁材，固形物含量为 20%，心材与壁材比例为 1∶4，进样量 20 ml/ min，进风压力为 0. 2 MPa，微胶囊化蜂胶中总黄酮的活性最高。

5. 喷雾干燥技术在其他食品领域的应用

随着喷雾干燥技术研究的深入，以及人们对食品的风味和营养价值的要求不断提高，市场上出现了越来越多的由喷雾干燥法生产的食品，如蛋黄粉、杂粮粉、调味粉等。由于经济的发展，人民生活的改善，不少地区民众杂粮谷物的摄入量有所减少，而杂粮谷物中富含膳食纤维、矿物质等，这些物质又是机体不可或缺的，所以谷物粉备受消费者的喜爱。李居男以喷雾干燥技术为主要方式，对山药、黑米、玉米、荞麦、橙子等多种谷物及水果进行了制粉处理，并评价了喷雾干燥处理对这些物料活性功能成分的影响；以各种喷雾干燥粉剂为基料，调配了 4 种冲调型功能性饮料。此外，喷雾干燥技术也常用于婴儿营养食品的加工中，最常见的就是婴儿奶粉的加工。沈国辉等采用喷雾干燥技术制备微胶囊婴幼儿奶粉的研究表明，添加 DHA 微胶囊的婴幼儿奶粉最佳工艺条件：均质压力为 40 MPa，均质温度为 40 ℃，喷雾干燥进风温度为 170 ℃，出风温度为 80 ℃。在此条件下制备添加 DHA 微胶囊的奶粉，在产品保质期内质量指标极为稳定，未发生任何不良反应。

四、微波冷冻干燥技术

在中国，对流干燥是当前最普遍的干燥方式，然而，在工业上由于干燥时间长及干燥温度高,常常导致产品颜色变暗、形态收缩、失去风味及复水能力差等问题的发生。相较于其他干燥方式,冷冻干燥是一种能够对几乎所有的食物都能够较好地维持其营养、颜色、结构及风味物质的一种干燥方式。而且,冷冻干燥还能够为多孔结构的材料提供较好的复水能力。然而,众所周知,冷冻干燥代价十分昂贵,这限制了将其在农产品干燥中的发展。

随着干制品需求量的不断上升和消费者对干制品品质要求的日益提高,迫切需要研发出更加高效的干燥方式。微波是一种电磁波,且已经作为一种热源广泛地应用于食品工业。微波可以穿透物质,即不借助热梯度便可加热产品,相对于传统热风干燥,微波干燥更加迅速、均匀、高效节能。将微波作为冷冻干燥的热源,在真空条件下,微波可以加热容积大的物质,并可大大提高冷冻干燥的速率,这种技术称为微波冷冻干燥。微波冷冻干燥有两种形式:分段式冻干 - 微波联合干燥技术及同步式微波辅助冻干的联合干燥。

(一) 分段式冻干 - 微波联合干燥技术

分段式冻干 - 微波联合干燥是指将冻干操作和微波干燥操作分开进行,当物料在一种干燥方式下脱水到一定程度后,再利用另外一种干燥方式继续进行脱水至最终含水率。这是利用干燥过程分为不同的干燥段(恒速段、降速段),冷冻干燥的降速段很长,耗时也很长,但实际上降速段只是除去极少部分的水分,但这部分水分大多是结合水,因而相对游离水难以去除。微波加热效率高,其体积加热的特点使水分扩散方向和物料温度梯度方向相同,因而干燥速率极快,大量试验已证实微波干燥很适合降速干燥段的脱水处理。这样将冷冻干燥和微波干燥结合起来,就可以把冷冻干燥过程耗时最长的降速段用微波干燥代替,节约大量的干燥时间。在品质方面,由于大部分水分是在冷冻干燥过程去除的,产品的微孔结构在进入微波干燥阶段之前已经形成,在微波干燥阶段的变形则会大为降低。同时,微波干燥过程在去除一小部分水分的前提下耗时极短,故对整个产品的质量影响不会太大。另外,如果需要在更低的温度下干燥，则可用真空微波干燥来代替微波干燥。这种联合干燥方法的特点是设备投入小，现有的冻干设备依然可以使用，只需增加成本较低的微波干燥或真空微波干燥设备。另外，产品的整个干燥时间会大幅度缩短，从而节约冻干操作的大量能耗，而且产品的品质接近于完全的冷冻干燥产品。

目前，关于分段式的联合干燥技术的研究报道很多，但基于冷冻干燥和微波联合干燥方面的报道并不多，且大多用于果蔬的干燥。从已有研究结果来看，这种联合干燥的方式较为简单易行，适合工艺改进的要求，也能大幅度节约能耗。但是这种干燥方式还存在一些问题：首先，各种分段式联合干燥方式针对的物料不同，工艺要求也不同，如何将不同的干燥方式如冷冻干燥、热风干燥、微波干燥及真空微波干燥等联合起来，寻找较为合理的干燥顺序、干燥组合形式，需要详细的实验研究来确定；其次，联合干燥过程中的水分转换点需要进行大量试验进行优化，从而使干燥时间和产品品质兼顾；再次，冷冻干燥操作结束后如何控制其后续干燥温度，也是一个需要解决的问题；最后，联合干燥在实际操作时是否方便也是影响其推广的一个问题，因为物料需要在不同操作单元间转移，这需要相关的设备研究。

（二）同步式微波辅助冻干的联合干燥技术

真空冷冻干燥是使食品在低压、低温下进行水分蒸发，它利用冰的升华原理，在高真空的环境条件下，将冻结食品中的水分不经过冰的融化直接从固态冰升华为水蒸气而使物料干燥。普通冻干采用的加热方法一般都是加热板加热，由于在真空环境中没有对流，故传热传质极其缓慢，导致在实际应用当中最突出的问题就是能耗大、生产周期长、成本高。与热风干燥相比，冷冻干燥的成本要高 4 ~6 倍。另外，冷冻干燥加工周期长，加工温度较低，产品容易出现微生物含量超标现象，如何降低冻干产品的微生物含量也是急需解决的问题。

（三）微波冷冻干燥技术在食品中的研究应用

众所周知，微波是一种电磁波，且已经作为一种热源广泛地应用于食品工业。微波可以穿透物质,即不借助热梯度便可加热产品,这在干燥方面有很积极的影响作用。作为冷冻干燥的热源,在真空条件下,微波可以加热容积大的物质,并可大大提高冷冻干燥的速率,这种技术称为微波冷冻干燥。

在理论研究方面,从 Copson 尝试微波冷冻干燥试验后,人们一直致力于解决该项技术的一些问题,较为突出的就是微波的加热均匀性差,工艺的优化和过程控制较为困难。这就需要建立较为准确的干燥模型,从而对干燥过程进行预测。Copson 最早提出了微波冷冻干燥的准稳态传热模型,并做了简单分析,但与实际过程差别较大,后来 Ma 和 Peltre 等提出了较完善的一维非稳态热质传递模型。在此基础上,Ang 等考虑了物料的各向异性而将其扩展到了二维模型。Wang 等在 1998 年报道了微波冷冻干燥过程的升华 - 冷凝现象,并建立了多孔介质的升华 - 冷凝模型,经过验证,这一模型能较为准确地模拟干燥过程中的热质传递。后来 Wu、Chen 等在此基础上发展了具有电介质核的多孔介质耦合传热传质模型。Tao、Chen 等研究了具有电介质核的圆柱多孔介质的双升华界面模型。孙恒等考虑了吸附水的干燥过程,进一步完善了微波冷冻干燥过程的数学模拟理论。但这些理论尚无进一步结合具体干燥实践应用的报道,对于如何在实际生产中进行模型的修正及改进仍有大量工作要做。

在实验研究方面,最早 Copson 进行过微波冻干试验,Hammond 对牛肉、虾做了微波冻干试验,证明了干燥时间可以大幅度缩短,但此后这项技术发展并不快,更多研究都集中在基础性方面。Peltre、Ma 则除了进行干燥过程的试验,还进行了微波冻干的经济性分析,论证了微波冻干技术可以降低实际运行成本。Tetcnbaum 和 Weiss 在 1981 年设计了新的微波冻干设备,将冻干牛肉的干燥时间大幅度缩短,但没有进一步进行更详细的工艺试验。Dolan 和 Scott 在 1994 年详细研究了水溶液冻结后的微波冻干特性,应用了前人所得的一些理论,除了证明干燥时间缩短外,还发现不同的冷冻速率会影响干燥时间,另外干燥速率不同也会使产品品质有很大差别。王朝晖等在 1997 年进行了初始饱和度对微波冷冻干燥传热传质过程的影响的研究,发展了升华 - 冷凝模型,同时以牛肉为原料进行了较为系统的干燥工艺试验。施明恒、王朝晖在 1998 年还进行了蜂王浆的微波冻干试验,但并没有给出具体工艺优化办法。Lombrana 等在 2001 年进行了更为详细的微波冻干工艺参数试验,除了研究传递现象,还提出了间歇微波加热和循环压力的方法,他把压力作为一个重要参数控制,以避免辉光放电现象的发生。Wang 和 Chen 则在 2003 年首次提出了加入介电材料提高微波冻干速率的方法,并进行了系统的试验,提出具有电介质核的传热模型,但其只对液状物料进行了试验,如药液、甘露醇溶液和脱脂乳。Nastaj 和 Witkiewicz 在 2004 年用微波冷冻干燥的方法干燥了一些生物材料,并和其他方式做了对比。Wu 等在 2004 年还报道了冰晶尺寸对微波冻干速率的影响。Duan 等成功地用此法干燥了海参及苹果。这些研究都表明,与冷冻干燥相比,微波冷冻干燥能够有效地减少干燥时间。然而,微波在高真空条件下可能会导致电晕或等离子体放电,产品中的冰随之融化,从而出现过热和质量恶化的现象。Duan 等设计了微波谐振腔,作为一种有效的多模谐振腔,使电场分布更均匀。

总之,虽然微波冷冻干燥相对传统冷冻干燥具有巨大的优势,但微波冷冻干燥过程比普通冷冻干燥过程更为复杂,对其的研究近年来依然集中在传热传质的理论研究方面,涉及实际生产工艺以及具体产品的研究成果几乎没有,另外有很多具体问题一直没有解决,因此目前还没有工业化方面的应用,国内外进行这方面研究工作的科研人员也相对较少。如果要将这门技术成功地运用到实际生产中,必须要结合具体物料,进行大量的试验研究,并解决微波冷冻干燥过程的典型问题。

五、常压冷冻干燥技术

常压冷冻干燥技术是近年来科研人员探索的新型干燥方法。

(一)常压冷冻干燥技术的原理

在常压或接近常压下,对物料采取特定手段进行除湿,可使物料周围低温空气中的水蒸气分压力保持低于升华界面上的饱和蒸汽分压力，则冷冻物料中的水分就可以得以升华，这样冷冻干燥就可在常压状态下进行，即常压冷冻干燥。与真空冷冻干燥相比，常压冷冻干燥省去了提供真空环境的装置，从而可以节省成本。

（二）常压冷冻干燥技术的特点

1. 高效节能

常压冷冻干燥因依靠物料周围的水蒸气分压与升华界面上的饱和蒸汽压差的原理来对物料进行干燥，整个过程不需要维持在较低的压力下，不用任何的抽真空设备，所以与真空冷冻干燥相比，其干燥装置的节能优势显著，而且常压冷冻干燥中存在着对流换热的过程，其传热效率比真空冷冻干燥的要高很多，因此运行成本比真空冷冻干燥低30%～40%。

2. 产品高质

常压冷冻干燥不仅能降低能耗而且兼具冷冻干燥的特点。物料在经过预冻后，水分和溶质被冰晶均匀地分布在物料层中，溶质随着水分的升华原地析出，避免溶质在蒸发干燥下被水分迁移到表面而导致的硬化现象，保持了食品原有的品质。同时物料冻结后形成固体骨架使其在升华干燥过程完成后也保持稳定，不会产生收缩变形，并且干燥后的物料具有多孔结构，复水性能较高。低温下的干燥也不会破坏物料的营养成分，尤其适合于热敏性和高营养价值产品的干燥。

3. 安全可靠

干燥过程中不产生任何的有毒有害物质，生产的环境也清洁卫生，并且经过冷冻后，还可以杀死物料表面的一些微生物，避免干燥过程中的二次污染。

（三）常压冷冻干燥技术在食品加工中的应用

目前，有关常压冷冻干燥技术在食品中的应用存在的主要不足是升华速率低，冰晶易融化。为了克服这些缺点，研究者致力于基于吸附流化床、吸附固定床及热泵原理的研究。

Bubnovich等建立了描述在常压下冻干过程的二维模型,并采用有限差分法进行数值模拟,模拟结果表明:该模型和方法能够正确地对食品冻干过程中复杂的升华界面移动进行描述;通过对质热传递的方向进行比较,发现两者的干燥动力学相差较大,这与几何比率有关,随着几何比率的减小,两者的差异降低。

此外,也有学者通过增加热源或耦合联用等多种除湿模式,以期达到加强质热传递过程、降低干燥时间的目的。通过将超声波、微波和红外辐射作为热源或振动等机械的方式辅助常压冷冻干燥以加速水分升华速度、缩短干燥时间。

Michael等采用高强度超声波辅助常压吸附流化床冷冻干燥处理豌豆,结果表明:超声波强度变化对干燥温度、干燥时间影响极大,这是由于超声场的存在使超声波穿透物料表面,物料内部的水分子产生高频率振荡,其有效扩散速率得到提高。相比普通的常压吸附流化床冷冻干燥,高强度超声波的辅助能够提高固-气界面的质量传递速率,缩短干燥时间,可大大降低成本,提高产品质量。

Santacatalina等考虑动边界水蒸气扩散的一维模型,用来描述功率超声波辅助AFD处理苹果的干燥动力学,研究苹果片块在不同风速(1 m/s、2 m/s、4 m/s和6 m/s)、不同温度下(-5 ℃、-10 ℃、-15 ℃)、不同超声功率(25 W、50 W、75 W)和不增加功率的条件下进行干燥。通过将适当的扩散模型与试验干燥动力学拟合,可以估测干燥产品的水蒸气有效扩散率。建立的模型成功地在不同尺寸和几何体(块状和圆柱状)的干燥样品中得到验证。

Duan等比较了3种干燥方式(冷冻干燥、微波冷冻干燥、常压冷冻干燥)对蘑菇的不同干燥效果。根据不同干燥阶段产品表面的温度及含水量,可以发现常压冷冻干燥速率最慢,低于冷冻干燥,微波冷冻干燥的速率最高。常压冷冻干燥及冷冻干燥的干燥时间分别为24 h、15 h,而微波冷冻干燥仅需8 h。他们发现,与微波冷冻干燥及冷冻干燥相比,常压冷冻干燥会造成更严重的褐变、皱缩、结块以及复水性降低。常压冷冻干燥的优点是维生素C保留率高。根据产品的表面温度及含水率可知，微波冷冻干燥过程中，在 -10 ℃的条件下可去除55%的水分；冷冻干燥过程中，在 -10 ℃的条件下可去除60%的水分；而常压冷冻干燥仅能去除50%的水分，这表明50%的水分是通过蒸发而不是升华去除的，这会导致更大程度的色泽及质地的恶化。这是常压冷冻干燥很明显的一个缺点，有待解决。但是，相比于微波冷冻干燥及冷冻干燥来说，常压冷冻干燥时间虽长，但是能耗低。这是因为，常压冷冻干燥不需要惰性气体、真空度以及冷阱条件，热泵就能完全利用湿空气的汽化潜热及湿热。与冷冻干燥相比，微波冷冻干燥也是低能耗的，它的低能耗归因于干燥时间短，缩短了真空系统以及冷藏系统工作的时间。

六、过热蒸汽干燥技术

过热蒸汽的概念起源于一百多年前，然而，由于缺乏合适的设备以及操作知识匮乏，直到最近30年，过热蒸汽才作为一种新兴的技术出现在食品加工中，并展现出了强大的潜力。

过热蒸汽干燥是指利用过热蒸汽直接与物料接触而去除水分的一种干燥方式。过热蒸汽干燥具有节能效果显著、干燥品质好、传热传质效率高、无失火和爆炸危险等特点，特别适合于粮食、蔬菜、水果等高湿物料的干燥，是一种具有较大潜力的新型干燥技术。近年来，过热蒸汽干燥技术被广泛用于各种物料的干燥过程，应用研究取得了较大的进展。

（一）过热蒸汽干燥技术原理

水在特定压力（100 ℃，1个大气压）下受热，达到沸点后形成饱和蒸汽。对饱和蒸汽进一步加热，使其达到沸点以上温度，饱和蒸汽就会转化为过热蒸汽。在加工过程中，过热蒸汽将热量传递到产品中，使产品温度升高到蒸发点，发生水分蒸发，蒸发的水分可被加工介质（即过热蒸汽）吸收排出。物料中的水分或挥发性成分可被凝聚起来，废气中残留热能也可以在其他单元操作中进行回收或利用。当温度下降时，蒸汽很容易发生冷凝，因此需要在特定压力下使温度保持在饱和温度以上，过热蒸汽就不会发生冷凝现象。

通常,过热蒸汽系统包括蒸汽发生器、风机、加热器、密闭干燥室和热交换器五部分。图 8-1 所示为过热蒸汽干燥系统的基本工作原理。物料水分的蒸发量为干燥加工过程中从系统中转移出的蒸汽量。因此,在加工过程中,过热蒸汽作为热源提供热量,同时作为载体将物料中蒸发的水分转移出来。此外,可以通过尾气的回收再利用,达到更高的能源利用率。

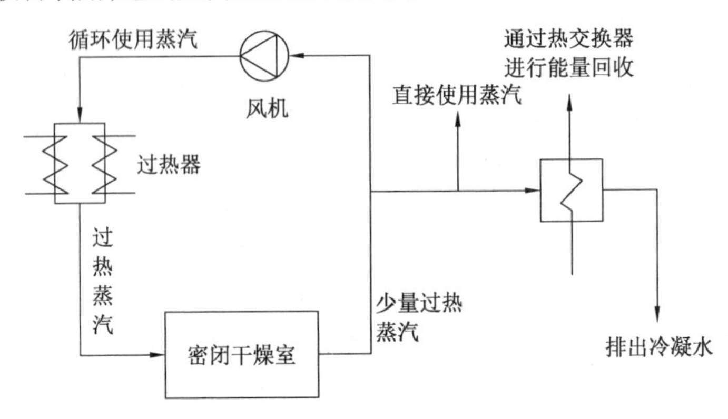

图 8-1　过热蒸汽工作原理

过热蒸汽的传热方式包括对流传热、传导传热和辐射传热。常规热风烤箱的传热方式一般靠对流和辐射传热达到加工的目的。而过热蒸汽加工过程中除对流和辐射传热外,还有在加工过程中蒸汽于冷物料表面凝结,释放很高的热量,使物料快速升温的传热方式。因此,与传统方式相比,过热蒸汽加工技术具有更高的传热效率,可以实现物料快速熟化,节约加工时间,提高经济效益。过热蒸汽还具有瞬时杀菌和消毒效应,可以大幅减少生产加工过程中微生物对产品质量的影响,提高产品安全性;并且在加工过程中无明火和低氧环境,避免了有氧条件下的燃烧反应(爆炸危险),降低有害物的生成。由此可见,过热蒸汽加工技术是一种潜在的可供选择的绿色热加工技术。

(二) 过热蒸汽干燥的优缺点

作为一种新型的干燥技术,过热蒸汽干燥主要具有以下优点:

① 热效率高、节能。过热蒸汽干燥的尾气仍然为蒸汽,可以回

收其潜热,而传统的热风干燥的尾气中的蒸汽潜热则很难回收。

② 安全、无失火和爆炸危险。过热蒸汽干燥中不存在氧化和燃烧反应。

③ 干燥速率快。过热蒸汽干燥的导热性和热容量高,因而物料的表面水分干燥速率快。

④ 干燥后产品质量好。过热蒸汽干燥能够提高产品的品质和等级。

⑤ 具有消毒灭菌作用。过热蒸汽干燥过程中物料的温度超过 100 ℃,能对一些食品和药品进行消毒和灭菌。

过热蒸汽干燥也存在一些缺点,具体如下:

① 设备复杂。过热蒸汽干燥过程不允许泄漏,喂料和卸料时不能有空气渗入,因此需要采用复杂的喂料系统和产品收集系统,有时还需要废气回收系统,这导致过热蒸汽干燥设备复杂、费用高。

② 启动和停车时容易出现凝结现象。过热蒸汽温度高于 100 ℃,而物料进入时的温度通常为环境温度,因此物料在被加热到蒸发温度的过程中会不可避免地产生凝结。

③ 不适合干燥热敏性物料。过热蒸汽干燥过程中物料温度超过 100 ℃,有些物料可能会熔化、玻璃化或产生其他破坏作用。

(三) 过热蒸汽干燥在食品加工中的应用

过热蒸汽技术在早期主要应用于工业干燥。近些年,逐渐应用到食品加工的各个领域中,目前主要的应用领域为食品干燥、杀菌、灭酶、焙烤、食品预调理等。

1. 过热蒸汽干燥

目前,已有过热蒸汽加工技术应用于肉类制品、水果、蔬菜、谷物、豆类和乳制品等多种农副产品的干燥加工的研究报道。过热蒸汽技术主要分为常压过热蒸汽技术、高压过热蒸汽技术和低压过热蒸汽技术。在 500 ~ 2500 kPa 的高压范围内进行过热蒸汽干燥,可获得更高的干燥速率。目前在实验室和工业规模上利用高压过热蒸汽,采用流化床干燥、闪蒸干燥、输送带干燥等不同干燥装备，开展了大量对苹果果渣、甜菜粕、柑橘类水果果皮和果肉的干燥研究。在法国和丹麦，已有工业制糖厂应用过热蒸汽的流化床干燥机干燥甜菜浆中纤维成分。另外，对排出蒸汽的重复利用，可有效减少能源消耗，极大地节约能源。低压过热蒸汽干燥通常用于热敏性产品的干燥或防止挥发性成分和微量营养素（抗坏血酸、胡萝卜素）降解的干燥。

2. 过热蒸汽加工调理食品

过热蒸汽加工技术具有提高生产效率和出品率、抑制油脂氧化、改善产品质地、减少原料微生物符合等效果，在调理食品加工中可显著提高调理食品的安全性，延长保质期。有研究对比了热风烤炉和过热蒸汽烤箱在不同加热调理条件下加工牛肋排、猪肉、鸡翅等原料的出品率，结果发现过热蒸汽可提高 5% 左右的出品率。

3. 过热蒸汽减菌

利用过热蒸汽作为加工介质可以减少或消除食品上的微生物负荷，除了热降解外，还可溶解和提取孢子、霉菌毒素和气味等污染物。通常原料在生产加工过程中，表面会沾染大量的微生物，因此对原料适当地进行减菌处理，可避免原料表面的致病微生物在生产、贮存和运输过程中污染原料，降低产品食品安全风险。因此，食品加工中对原料进行表面杀菌极其重要。常规杀菌多利用臭氧水、酸性电解水等化学方式对原料进行处理，存在有害物残留、产品品质下降、色泽劣变等问题。利用过热蒸汽技术可对生鲜物料进行高温瞬时杀菌，可实现对肉制品原料的减菌化处理。Kondjoyan 等研究了过热蒸汽技术在禽肉表面污染物去除问题上的应用，研究表明过热蒸汽比饱和蒸汽的杀菌效果更加显著，处理 30 秒可显著减少菌数。

4. 过热蒸汽灭酶

过热蒸汽技术还被应用于糙米、燕麦和马铃薯等的灭酶处理中。Satou 等研究利用过热蒸汽（125 ~ 130 ℃，0. 25 ~ 2 min，蒸汽流速为 53 kg/h）处理糙米，用以稳定或改善其储存质量。其实验结果表明,在较低温度和短时间内的过热蒸汽处理可以使糙米中的酶失活,且不影响淀粉质量。Head 等研究了利用过热蒸汽技术替代窑干技术处理燕麦粒,其品质变化情况。过热蒸汽处理的样品与商业加工在货架期、颜色、冷糊黏度、游离脂肪酸含量和感官属性上没有显著差异。与商业上加工的燕麦(7 mg/g)相比,过热蒸汽处理的燕麦释放出的己醛含量更低。

过热蒸汽干燥在食品行业中的应用受制于高温高湿,哪怕是短时的高温高湿。实验证明,用过热蒸汽干燥生姜片,在过热蒸汽条件下,生姜的氧化作用会降低,但是风味成分会大量损失,并且也不能完全干燥达到可以长期保存的理想水分含量。所以在目前的技术水平下,过热蒸汽干燥在农产品原料和食品加工行业的应用有一定的局限性。

七、超声波干燥技术

超声波是 20 世纪才发展起来的一项高新技术,已经在化学、化工、医药、医疗和农药方面得到广泛的应用,其在食品工业中的超声提取、超声灭菌、超声干燥、超声过滤、超声清洗等方面进展迅速。超声波干燥的特点是不必升温就可以将水从固体中除去,因此可以用于热敏物质的干燥,它还具有加快干燥速度和降低固体中残留水分的作用,同时降低能源消耗。超声波干燥是一门新兴的干燥技术,可以在较低温度下更快地干燥食品,所以越来越受到人们的重视。

超声波干燥作为一门新兴的技术,用于食品干燥有重要意义。超声波干燥可以加快干燥速率,缩短干燥时间,降低干燥温度和干燥食品的水分含量。同时超声波干燥设备简单,能量消耗少。超声波在改变食品的结构、改善干燥产品的复水性方面仍需进一步研究,但其应用前景十分广阔。

(一) 超声波干燥技术原理

超声波是在媒质中传播的一种频率大于 20 kHz 的机械振动声波。超声波有多种物理和化学效应,其与媒质的相互作用可分为热机制、机械机制和空化机制三种。

食品干燥的目的是使食品中的水分转变成液体或者气体转移出来,在这个转移的过程水分受到内部阻力和外部阻力的影响,改进食品干燥技术的方法通常都是从减小水分转移阻力出发,超声波的一个作用也是减小水分转移阻力,超声波可以促进食品干燥。当超声波干燥物料时,产生如下作用:

① 结构影响。物料受到超声波干燥时,反复受到压缩和拉伸作用,使物料不断收缩和膨胀,形成海绵状结构。当这种结构效应产生的力大于物料内部微细管内水分的表面附着力时,水分就容易通过微小管道转移出来。

② 空化作用。在超声波压力场内,空化气泡的形成、增长和剧烈破裂以及由此引发的一系列理化效应,有助于除去与物料结合紧密的水分。

③ 其他作用。如改变物料的形变,促进形成微细通道,减小传热表面层的厚度,增加对流传质速度。对于不同的超声波干燥方法,起主要作用的超声波机理不同,在超声波喷雾干燥技术中,空化作用最重要。

(二) 超声波干燥技术在食品加工中的应用

1. 超声波预处理在食品干燥中的应用

超声波预处理可以减少物料水分含量,改变食品物料的组织机构,加快其后进行的热风干燥速度。以超声波对香蕉进行预处理,然后进行热风干燥为例,首先将切片的香蕉放入蒸馏水中,用25 kHz 的超声波处理 30 min,从水中取出物料后进行热风干燥试验。结果表明,超声波预处理可以显著提高干燥系数,缩短总干燥时间。以渗透干燥作为对比,超声波预处理的效果比渗透预处理更明显,超声波预处理比较适合处理水分含量高的样品,对于水分含量较低的样品,则建议使用渗透干燥。

用超声波分别对蘑菇、抱子甘蓝和花椰菜进行预处理。结果表明,超声波预处理比对照样品明显提高了干燥速率。试验中分别采用 20 kHz 和 40 kHz 探头式超声传感器进行 3 min 和 10 min 的超声波处理,结果表明,不同的处理办法效果不同,干燥效果最好的是:3 min、40 kHz 超声波处理蘑菇;3 min、20 kHz 探头式超声传感器处理抱子甘蓝;3 min、20 kHz 探头式超声传感器处理花椰菜。干燥后样品的质量以产品的复水性为指标,通过与冷冻干燥作对比,结果显示,冷冻干燥的复水性最好,超声波预处理干燥的样品的复水性虽然不如冷冻干燥,但明显优于对照样品。因此,超声波预处理可以提高干燥速率,减少干燥时间,节省能源,减少产品质量损失。超声波预处理虽然能提高干燥速度,但是,工艺复杂,且在处理过程中,有时候会影响产品质量,有时候样品还会吸水增加干燥负担。

2. 超声波喷雾干燥技术在食品干燥中的应用

超声波还可以和喷雾干燥耦合进行液体食品的干燥,国内也有利用超声波来干燥热敏性物料的。该法可使液体表面积增加,在其表面形成超声喷雾的特性;在物料内部,尤其在组织分界面上,超声能大量转化成热能,造成局部高温,促进水分逸出,从而提高蒸发强度、降低蒸发温度,具有干燥速度快,最终含水率低,物料不会被损坏或吹走等优于传统喷雾干燥的优点。

3. 超声波热风干燥技术在食品加工中的应用

超声波还可以与热风耦合用于食品干燥,这种干燥方法也是超声波干燥用于食品干燥的发展方向。由于超声波在空气中传播衰减很快,并且空气与干燥物料中的声阻不匹配,使声能不能顺利转化,所以超声波干燥还不能实现大规模应用。

目前,有些科学家研究了空气换能器在超声波中的应用。不同种类果蔬(如苹果、胡萝卜、蘑菇),用 20 kHz 的超声波耦合热风,采用 3 种试验方法:① 干燥物料与超声波直接接触;② 干燥物料与超声波直接接触,并施加一定的静压力;③ 空气换能器的使用。

超声干燥系统试验结果表明,干燥物料与超声波直接接触,在 55 ℃下干燥苹果,干燥到原来重量的 6%,使用超声波是不使用超声波所用时间的 40%;在 55 ℃下干燥蘑菇,干燥到相同的含水量,所需的时间仅是热风单独干燥的 1/3;在 20 ℃下干燥胡萝卜,干燥到原来重量的25%，使用超声波只需要100 min，而不使用超声波需要3 h。超声波与热风耦合干燥中的干燥效果受到热风流速的影响，流速越小，干燥效果越好，在干燥中施加静压力的干燥效果与不施加静压力时没有明显不同。在21.8 kHz超声波下干燥胡萝卜和橘子皮，结果表明，超声热风耦合干燥系统的干燥效果除了受到空气流速、超声功率、质量负荷影响外，还受到样品材料、大小和形状的影响，虽然超声波可以显著提高干燥速度，缩短干燥时间，但是还没有试验证明超声干燥中究竟哪种机理起主要作用，并且所有研究都局限在实验室阶段。

4. 超声波检测在食品干燥中的应用

低频超声可以促进食品的干燥，高频超声可以用于食品检测。超声波检测机理即通过测定超声波脉冲信号经过介质的声速或振幅衰减等参数来达到检测的目的。在食品检测中，超声波可以测量多项指标，包括用于食品干燥的测量，如测量干燥过程中空气的流量、空气的水分含量、物料的水分含量等，从而控制干燥过程。有人将超声波应用于橘子皮脱水的研究，通过测量经过超声波处理后橘子皮的性质和吸收系数来判断水果的脱水情况。

八、低温薄层干燥技术

随着社会生活水平的不断提高，现代消费者对于食品的要求也大大提高，人们越来越注重食品的质量和健康安全性，更加倾向于纯天然、营养、安全健康的产品。这无疑对食品的干燥提出了更高的要求，也推动了整个行业的向前发展。为了响应市场需求，近年来食品干燥设备设计更多的是以产品质量和能耗作为干燥性能的主要评价指标。新的干燥技术要求在能量利用率、产品质量、安全性、环境影响、操作成本和生产能力等方面拥有更显著的优势。低温薄层干燥技术（意为“折射窗”或“偏流窗”薄层干燥）应运而生，这是一种新的薄层干燥技术，属于传导、辐射和薄层干燥相结合的干燥方式。

（一）低温薄层干燥原理

所谓薄层干燥是指物料的每一部分都充分地暴露在相同条件

下的干燥，物料的厚度一般小于 2 cm。薄层干燥是食品物料干燥的基本形式，是深床干燥的基础。

低温薄层干燥采用循环热水作为干燥的热源，湿物料被喷涂到聚酯薄膜传送带上，传送带以设定速度运转，热水的红外能量透过传送带进入湿物料，湿物料中的水分因此被加热蒸发并通过抽风扇排走。物料的干燥时间取决于物料的厚度、水分含量、循环热水的温度和排气风速。随着干燥的进行，物料水分含量逐渐减小至干燥终点，在干燥传送带末段再通过低温水冷却，有助于物料从传送带上移除，还可以减少温度对产品质量的影响。

（二）低温薄层干燥技术的研究及应用

低温薄层干燥技术最早出现于 1986 年 12 月 30 日 Magoon 申请的一篇美国专利中。这篇专利介绍了关于低温薄层干燥技术的初期研究成果，详细叙述了低温薄层干燥的原理，以及实现该种干燥技术应具备的设备仪器说明，为后来该技术的研究指明了方向，具有重要的指导意义。

有学者的研究表明，采用95 ℃循环水，物料厚度 1 mm，干燥胡萝卜浆、蓝莓浆和草莓浆，与滚筒干燥比较，低温薄层干燥和冷冻干燥的样品颜色更加鲜亮。比较研究热风托盘式干燥、沸腾床、微波组合沸腾床干燥、低温薄层干燥和冷冻干燥后芦笋的颜色，结果显示：低温薄层干燥的样品呈亮绿色，叶绿素大部分被保留。同时他们还以合成维生素 E 为参照标准，研究了芦笋总的抗氧化物含量在几种不同的干燥方法中的变化，结果显示：冷冻和低温薄层干燥的总抗氧化物保存率更高且相近，而滚筒干燥、沸腾床干燥和联合微波沸腾床干燥处理的芦笋嫩茎的总抗氧化物保存率没有显著差异。

在国外，对低温薄层干燥技术的研究已经有所突破，Nindo 和 Abnoyi 等将南瓜、胡萝卜、草莓、蓝莓、山药等果蔬浆汁物料作为实验研究的对象，探索低温薄层干燥过程特性，均取得了较为理想的效果。然而国内在该技术方面的研究相对较少，王东峰等发表了一篇姜浆物料折射窗薄层干燥特性的文章。他们以姜浆物料作为实验对象,对低温薄层干燥过程进行了动力学研究,取得了较为理想的实验结果,为姜浆物料的干燥找到了一种更好的干燥方法。

九、太阳能干燥技术

人类社会不断进步,天然资源使用与耗损逐渐增加,在环境污染愈发严重、资源愈发匮乏的当今,工农业产品的干燥仍是主要耗能过程之一,而农作物的干燥有利于对其的储存、运输和保质,使用清洁新能源代替会产生污染的旧能源显得尤为重要。历史上对能源资源的开辟和使用走过了几个特征时代,即草木时代、黑矿时代、油气时代,当今能源界要转型为以核能和太阳能为主场的多种能源共同发展的新能源时代。我国长期以来的能源消耗以煤炭为主,在使用过程中易造成大气污染和温室效应,而煤炭的过度开发又带来诸多生态环境问题,所以关注研究太阳能资源有利于改进国内资源使用结构。

在“十二五”时期国内洁净能源发展迅猛,水能、核能、风能的电力发生器数量提高了1~4倍,太阳能发电发生器数量提高168倍,拉动非化石能源消费比重提高了约2.6%,万元国内生产总值累计能耗降低了近20%。国务院给出的发展战略指出,我国未来能源发展路径和约束性指标来自于能源体制改革、能源安全、能源清洁利用三个基本,要围绕“节约、清洁、安全”的目标,快速建成符合目标的能源结构。能源利用与环境保护的矛盾日益突出,近几年全国雾霾爆发严重,覆盖范围广,出现频繁,持续时间长,已经严重影响了人类的身体健康,且空气质量和水质情况没有地域限制,扩散能力高,值得引起重视。针对环保和用能的矛盾,我国的“十三五”能源发展总要求指出,在“十三五”期间,新能源占一次能源消耗量比重不断提升,改善调节能源消耗模式,加快能源消耗变革是我国现阶段的可持续发展总体规划。

(一)太阳能干燥技术原理

太阳能干燥技术是最原始最古老的干燥方法,由最初的直接将物料放置在地面上晾晒,逐渐发展到现在的将物料置于不同结构的太阳能干燥装置中干燥的技术。太阳能干燥是指以太阳能为能源，被干燥的湿材料在干燥室内直接接收太阳能并将它转换为热能。热能首先到达材料表层，随后传入材料内层，使材料中的水分以水汽形式从内向外逸出，通过材料表层的气态界面逸散到外界环境中去。整个过程使湿材料中的水分越来越少，最终达到安全含水量，干燥过程实际上是一个传质传热的过程。

太阳能干燥的本质是利用太阳辐射造成热空气与湿材料间的对流换热，热能在物料表层及内层进行热传导或对流传热，材料整体呈现外层温度高、内层温度低的现象。干燥进行时，水汽不断地由材料传至周围环境中，使环境的水分含量逐渐增加，排除水分含量高的湿空气同时从干燥室外吸入一部分较干空气，使得换热条件合适，材料脱水正常进行。

（二）太阳能干燥技术过程

太阳能干燥过程包括：太阳能间接或直接加热物料表面，热量从材料表层传至内层；材料表层水分首先蒸发，并由流经表层的空气带走；物料内部的水分获得足够的能量后，在含水梯度或蒸汽压力梯度的作用下由内部迁移至物料表面，最终从表面蒸发完成干燥过程。

作为低温干燥的代表，太阳能干燥以其较低的干燥温度区间（40～70 ℃），常用于农作物、果蔬、种子、茶叶、豆制品、鱼类、木料、面类、牧草等农副产品。大部分农副产品需要干燥后进行储运和贩卖，而利用太阳能对其进行干燥可以大量节省常规能源，同时得到高质量产品。

（三）太阳能干燥技术优点

太阳能干燥的优点十分突出，主要表现在以下方面：

① 太阳能取之不尽，将太阳能转化成热能对物料进行干燥或者与常规能源结合使用，可以节省高耗能源，减少其用量。

② 太阳能干燥能够加快干燥速率，稳定合适的环境能够改善产品质量。

③ 太阳能干燥在太阳能干燥室中完成，干燥温度能够得以保障，干燥速率高，能减短干燥周期。

④ 相对于室外晾晒,太阳能干燥更加干净卫生,干燥室中的物料可以避免与室外蚊虫、灰尘、风沙接触,无有害物质排出,对物料和环境没有污染。

⑤ 设备投资小,运行费用低,操作简便易学,成本回收周期短,对广大农业工作者来说具有显著的经济效益。

(四) 太阳能干燥技术在食品加工中的应用

国内果蔬年收获量超过 7 亿吨,其产量分别为 1.5 亿吨和 5.5 亿吨,我国水果和蔬菜的栽培量分别占世界栽培量的二成和四成,收获量分别占世界收获量的约 15% 和 50%。新鲜果蔬不易保存,如不加以处理则无法在非时令期贩卖,即使出售新鲜的果蔬,运输过程中也易腐烂变质,影响销售。在我国,果蔬成熟后由于处理不当造成的浪费率超过 20%,而在干燥技术先进的其他国家该指标低于 5%。我国是农产品大国,加之太阳能资源丰富,合理利用当地太阳能进行农产品干燥,对于解决果蔬远距离运输和长时间储存具有深远意义。

近年来,太阳能干燥的洁净、环保、低能耗、低温干燥等优点越来越多地被大众所熟识,加之国家推广的绿色能源概念不断加深,太阳能干燥已经被广泛应用于农副产品及水果的干燥领域。

Ramos 等利用有限差分法,考虑改变边界条件,对葡萄进行了太阳能干燥实验和模拟,结果表明:传热传质模型及模拟和实验的对比曲线吻合程度高,提出了描述辐射变化的曲线形状为正弦曲线,并且如果已知物料的扩散系数、收缩比、传热系数等物料本身特定的热物理性能,该研究的数学模型就可以应用于模拟不同物料的太阳能干燥,得到物料含水率和干燥时间之间的变量关系图。

Ringeisen Blake 等在加利福尼亚利用简易太阳能干燥装置对初始含水量约为 90% 的罗马西红柿进行实验,干燥至含水量为 10% 时停止,分析了环境与干燥室温度、相对湿度、太阳辐射等因素对西红柿干燥的影响。

Bahloul Neila 等通过分析橄榄叶治疗性能和抗氧化性能来评估太阳能干燥条件对物料的影响,即把干燥温度和热空气流速作为影响干燥时间和橄榄叶质量的参数。橄榄叶在三个干燥温度(40,50,60 ℃)和两个空气对流速度的组合实验参数下进行研究,实验数据表明干燥温度对干燥时间起主要影响。

第三节 食品干燥技术发展趋势

食品干燥新产品的市场潜力巨大,发展食品干燥加工业大有可为。各种干燥新技术既有各自的优点,又有相应的局限性。因此,在不断完善各种干燥技术方法和设备的同时,针对不同的食品物料特性,选择最适合的干燥方法。在干燥方法的研究方面,尤其是新型的干燥技术的研究,将两种或两种以上的干燥方法的优势互补,并分阶段进行联合干燥的技术研究已成为一个趋势。

第九章　气调保鲜技术

民以食为天，食物是千百年来人们赖以生存的物质基础之一。在任何历史阶段，食物始终是重要的战略物资。20 世纪中后期以来的科学技术革命对食品加工行业产生了深远的影响，越来越多的新技术新方法被应用于食品加工业，尤其是多种技术的综合运用，对食品行业的发展起了巨大的推动作用，食品加工业也呈现出前所未有的繁荣景象。

在过去的十年里，人们生活方式的变化远远地超出预期。食品不仅是一种基本需要，而且也是衡量生活水平的一个标准。如今，消费者高度重视易腐食品的纯正口味、长保质期和有吸引力的外观包装。因此，食品工业不断开发新的食品包装技术来满足客户的需求。由于社会的发展和顾客对高质量不断增加的需求，使用改良气体包装易腐食品成为一个市场趋势。气调保鲜包装国外又称 MAP 或 CAP，国内称气调包装或置换气体包装、充气包装，是指选用密封性能好的材料包装食品，并采用一定的方法来调整包装内的气体环境，以减缓氧化速度，抑制微生物的生长和防止酶促反应等，从而延长产品的货架期。

第一节　食品气调加工技术概述

一、食品气调加工技术发展历史

早在 12 世纪初期，从新西兰用船将新鲜的牛肉运到英国时，就通过增加车厢或库房里 CO_2 浓度和降低 O_2 浓度来保持肉的新鲜度；1930 年，美国研发人员发现，放在密封冷藏库里的苹果和梨的呼吸活动降低了库房内 O_2 的含量，增加了 CO_2 含量，明显降低了水果呼吸速度，使保鲜期达到 6 个月，冷藏保鲜期延长了 1 倍；1950 年这种利用呼吸自身气调的贮藏方式在美国各地得到很大发展；1970 年，丹麦 Irma 零售连锁在哥本哈根配送中心集中生产鲜肉气调包装食品，首次成功地供应整个丹麦；直到 21 世纪以来，美国和加拿大约 80% 的牛肉销售，由肉类包装生产商以分割肉真空包装形式供应给零售商、旅馆、餐馆和机关食堂。在英国，目前所有的食品零售连锁都销售气调包装的食品。在法国，占新鲜食品市场很大部分的棍子面包的气调包装特别成功。在德国，气调包装开始应用于方便面、比萨和鲜切蔬菜。在意大利，约有 10% 腌肉和 72% 馅饼应用气调包装。

我国在 20 世纪 90 年代后期开始研究开发食品包装设备和工艺，如上海肉类加工企业引进国外气调包装设备开发新鲜猪肉气调包装市场，为我国食品气调包装市场应用打下了基础。21 世纪以来食品气调包装的研究与市场应用进入一个发展时期，许多高等院校和研究单位和有远见的企业在气调包装工艺方面做了大量的实践和研究。

二、食品气调包装技术优点

人们希望在任何时间、任何地点，食物都是新鲜的、有吸引力和高品质的。为了满足人们的这些期望，制造商和经销商要去解决巨大的物流问题。货物的高稳定性才能保证其能够长距离运输。此外，包装食品应有足够的吸引力让人们来购买。始终如一的质量（口感、保鲜等）是获得客户强烈的忠诚度所必需的。易腐商品，如肉类、鱼类和海鲜的新鲜度和抗腐性，不仅取决于原料自身，而且取决于环境的影响。微生物和生化反应是易腐食品变质的原因，这正是鲜肉和海鲜所特别关注的。变质在屠宰后就开始了，这是很难阻止的，因为微生物早已到达其中了。众所周知，一个有可能减少或减缓其活动性的方法是冷冻。当然，冷冻食品是不会被视为新鲜产品的。此外，在运输过程中货物也必须不断被冷冻着，这是一个与气调包装相比，属于高成本，高投入的方式。

大量的实践证明,应用气调保鲜包装后的显著成效有以下几点:

① 更好的产品质量和更长的货架期;

② 防止氧化、腐败和变色;

③ 改良气氛可以抑制细菌和真菌的生长特性;

④ 对容易碎裂的产品进行机械性保护;

⑤ 保持产品的外观、气味、风味和质地从而保持其新鲜度;

⑥ 货架期的延长,可更换食品运输方式,大幅降低运输成本。

三、广义气调包装的主要类型

1. 真空包装和真空贴体包装

真空包装是最早应用的简单气调包装形式,直到现在还广泛用于分割鲜肉、腌熏肉、硬奶酪和研磨咖啡等食品的包装。真空包装防腐保鲜的机理是,当包装内的氧含量从 21% 降低到 0.5% ~ 1% 时,大多数需氧细菌和真菌的繁殖将受到抑制,从而延长食品的货架期。因此,真空包装要求采用氧气高阻隔性包装材料和封口后包装内残氧达到 0.5% ~1% ,才能有效地防腐保鲜食品。真空包装的优点是包装工艺简单和生产效率高,缺点是包装后软性食品易受大气压力挤压变形。

1985 年,德国 Darflesh System 进一步改进了真空包装技术,开发了真空贴体包装。真空贴体包装技术特点:平面的塑料底膜与预热的塑料上膜进入真空室,真空室抽气使上膜被吸下覆盖并贴紧食品,形成与食品形状一致的包装膜,随后热封模具将上膜与底膜的四周热封。由于软化的上膜紧贴食品,空气被完全驱除,薄膜与食品间没有皱纹和空隙,其残氧量比一般的真空包装低,包装美观,货架期更长。

2. 巴氏杀菌真空包装

20 世纪 80 年代法国餐饮业成功开发了菜肴巴氏杀菌真空包装技术,集中供应餐饮业和个人消费者。这种技术的特点是将严格烹调加工的菜肴真空包装后巴氏杀菌、急速冷却和冷链贮运与销售,在食用前再加热以保证食用安全,在法国及欧美各国的餐饮业得到了广泛应用。

3. 气调包装

气调包装(Modified Atmosphere Packaging,MAP)意为改善气氛的包装。MAP 有时也称为气体包装(gas packing),包装内充入单一气体,如氮气、二氧化碳、氧气,具体采用的气体种类和组分根据各类食品防腐保鲜要求而定。这种通过充入单一气体或混合气体来改变包装内气氛的气调包装是食品气调包装主要的包装形式。

4. 气体吸收剂/释放剂的包装

通过放入包装内的气体吸收剂或释放剂小袋来改变包装内气氛的一种气调包装类型,如吸氧剂、乙烯吸收剂、二氯化碳释放剂等,又称为活性包装。国外将主动建立包装内气调气氛的包装都认为是活性包装的一种形式,如充入混合气体的气调包装。

我国食品气调包装也有不同的名称,如充气包装、气体置换包装、换气包装、复合气调包装等,虽然气调包装的定义还没有统一的标准,但食品气调包装的称谓已为国内食品包装业界和消费者普遍接受。

第二节　食品气调加工技术原理及影响因素

气调包装已成为一种应用广泛的食品保存方法,其在国外正影响着肉类、干酪、鱼、禽肉和其他新鲜和预制食品的包装以及这些食品在全球市场的销售。在我国,对气调包装保鲜的研究始于 20 世纪 80 年代后期,在生产和商业中的应用仅是近几年的事。为适应现代社会的需求,引进国外先进气调包装技术,是提高我国气调包装技术水平,保持、改善、延长食品的营养价值的重要条件。

一、食品气调防腐保鲜包装基本原理

许多食品在空气中由于水分减少或增加、氧化反应,以及需氧微生物繁殖如细菌和霉菌,而快速腐败。微生物繁殖是导致食

品组织、色泽、风味、营养价值变化的主要因素，使食品变味和食用不安全。食品在气调气氛环境中将减缓化学或生物化学反应、抑制微生物活性，从而延缓食品的腐败速度。在空气中的新鲜果蔬，通过消耗其营养基质来维持正常需氧呼吸的新陈代谢活动而逐渐衰老枯黄，而在气调气氛中可减缓它的新陈代谢活动而得到保鲜。

食品气调包装防腐保鲜的基本原理是用保护性气体（单一或混合气体）置换包装内的空气，抑制腐败微生物繁殖，保持食品新鲜色泽以及减缓新鲜果蔬的新陈代谢活动，从而延长食品的货架期或保鲜期。气调包装内保护气体种类和组分要根据各类食品的防腐保鲜要求来确定，才能取得最佳的防腐保鲜效果。

二、食品气调包装保护气体

1. 二氧化碳（CO_2）

CO_2是一种气体抑菌剂，空气中的正常含量为0.03%，低浓度的CO_2能促进微生物繁殖，高浓度的CO_2能阻碍引起食品腐败的大多数需氧微生物的生长繁殖，CO_2能延长微生物繁殖生长的停滞期（或潜伏期），延缓其对数增长期。CO_2易溶解于食品的水分中成为碳酸而降低食品的pH，从而有利于食品保藏。CO_2在100 kPa、20 ℃时溶解度为1.57 g/kg，溶解度随温度降低而增大。因此CO_2在10 ℃时的抗菌活性比15 ℃时明显大得多，这对气调包装食品的防腐有重要意义。CO_2亦溶解于食品中的脂肪和某些有机物。

2. 氧（O_2）

通常气调包装尽量降低O_2含量或无O_2。海产品气调包装时O_2的存在可防止厌氧性致病菌如梭状芽孢杆菌繁殖。高氧可保持鲜肉的色泽，低氧可在降低新鲜果蔬呼吸速度的同时，保持果蔬新鲜状态所需要的需氧呼吸新陈代谢活动。但鲜切蔬菜气调包装最新研究证明，高浓度O_2（$>40\%$）能抑制许多需氧菌和厌氧菌的生长繁殖，抑制蔬菜内源酶引起的褐变，取得比空气包装或低氧包装更长的保鲜期。

3. 氮(N_2)

N_2是惰性气体,与食品不起化学作用,将N_2用作充填气体可防CO_2逸出后使包装坍塌。N_2在充氮包装中,可降低食品中的脂肪、芳香物和色泽的氧化速度。

三、食品气调包装技术的影响因素

由于食品本身特性不同以及食品在运销环节中遇到的条件也不一样,对食品包装的要求变化很大,使用食品气调包装技术时需考虑的因素是非常多的,主要包括以下四大要素。

(一) 气体置换

利用真空泵将包装袋或盒内的空气抽出构成一定的真空度,然后充入混合保鲜气体。完成气体置换的过程,可使包装内的残氧量低于1%。

(二) 气体混合

常用混合气体及特性如下:

1. 二氧化碳(CO_2)

CO_2能够抑制大多数需氧细菌和霉菌。毫无疑问,CO_2是气体调节用于食品包装中最重要的气体。一般来说,CO_2浓度越高,易腐食品有越长的耐腐期。但是在包装过程中,脂肪和水很容易吸收CO_2,CO_2浓度过高也会影响食品的口感,消耗了食品的湿度和浓度(称之为真空效应)。因此应慎重考虑。至于采用多久的保质期和多大的消耗都取决于CO_2的用量,如果CO_2的目的是抑制细菌和霉菌的生长,建议浓度至少为20%。

2. 氮气(N_2)

N_2是一种惰性气体,用来驱逐包装中的空气特别是O_2。同时也被作为填充气体使用于易腐食品,效果同CO_2。N_2减少了真空效应,它也是空气中的一个自然组成部分。

3. 氧气(O_2)

O_2对所有生物体都是非常重要的气体,同时也支持着易腐食品的变质。它是好氧微生物生长的条件。一般而言,气调包装中不应用O_2,但在某些情况下,定量的O_2带来相当良好的成果:

① 它使易腐食品看起来色泽很自然(新鲜度的影响);

② 它能使食品呼吸,特别是水果或蔬菜;

③ 它能抑制各种鱼类和蔬菜中的厌氧微生物。

气体混合要经过气体混配器,通过双联等压原理,通过比例阀调节各种气体的比例,气体比例与精度不受气源压力变化、气流量波动影响,而进行稳定、精确的供气。

(三) 包装材料

1. 常用的包装材料分类

① 聚烯烃类:聚乙烯(PE)和聚丙烯(PP)。

② 乙烯基聚合物类:乙烯醋酸乙烯共聚(EVA),聚偏乙烯(PVC),聚偏二氯乙烯,共聚(PVDC),乙烯-乙烯醇共聚(EVOH)。

③ 聚苯乙烯(PS)。

④ 聚酰胺(PA)。

⑤ 聚酯(PET)。

2. 选用包装材料应注意的问题

① 包装盒应采用高阻隔材质,盒装膜根据不同产品特性因物而异。

② 包装盒应在透湿、透氧、透光方面具有高效阻隔。

③ 包装膜应具备的共性是防雾化、透光率降到最低值。透气率,不同产品选择不同特性膜,如水果蔬菜的呼吸作用会影响到混合气体的比例,必须依靠阻隔膜的透气性来维持气体比例的平衡。

(四) 储藏环境

气调包装最佳储藏环境为冷藏。目前超市冷藏陈列柜冷藏食品的温度约有33%高于7 ℃,约有5%高于13 ℃,家用冰箱冷藏室的平均温度为10~13 ℃。显然,目前的冷藏链条件还不能满足气调包装或真空包装的冷藏食品的冷藏温度和条件要求。许多非呼吸型冷藏新鲜食品(如畜、禽、鱼)推荐的冷藏温度为0~2 ℃,许多呼吸型冷藏新鲜食品(如苹果、草莓、蘑菇)推荐的冷藏温度为0~5 ℃。储藏的环境温度也直接影响食品的保鲜效果。

第三节　食品气调加工技术的应用

通常食品包装的目的是为了避免食品受到环境污染和机械损伤，但食品周围有利于细菌繁殖的空气是引起食品腐败变质的主要因素。人们在实践中发现，改变包装内食品周围环境（如降低氧含量和环境相对湿度）可以有效抑制细菌繁殖而延长保藏期。降低包装内氧含量的食品保藏方法早在20世纪初就有应用，如罐头食品和真空软包装。罐头食品将食品原料放入不透气的金属或玻璃容器，排除部分空气后密封并高温杀菌，由于罐内顶隙部分的氧含量低和高温杀菌后食品残存细菌很少，因而细菌繁殖缓慢，从而可以长期保藏。通常真空软包装食品是不经过高温杀菌处理的食品或新鲜食品原料，食品残存细菌多而不易保存，需要足够高的真空度，使氧含量降低到细菌不能繁殖的程度，才能延缓食品腐败。此外，塑料软包装材料都有一定的透气性，空气中氧渗透入包装使食品周围的氧含量升高，因而食品不能长期保存。食品气调保鲜包装并不是新的概念，而是在原有降氧包装概念基础上的进一步发展应用。气调包装是比真空包装复杂的食品保鲜包装技术，包装内气调气氛更有利于各种食品的防腐保鲜，尤其是肉类、鱼类和果蔬等新鲜食品。由于食品气调包装可以比真空包装为消费者提供更多保持天然风味和营养的新鲜食品或加工食品，所以自20世纪80年代以来在国外市场得到了广泛应用。

一、气调保鲜包装在不同种类肉品保鲜的应用

20世纪70～80年代，我国肉类供应以速冻包装为主，自20世纪90年代开发冷却肉真空包装和高氧气调包装以来，冷却肉加工在全国普及，大城市超级市场肉类供应包装的冷却肉已逐渐取代冻肉包装。冷却肉虽然质量好，但一般包装的低温冷藏货架期仅2～3天，真空包装或气调包装可使冷却肉的低温冷藏货架期延长100%～150%；高氧气调包装货架期虽然比真空包装货架期略短些，但可以保持新鲜色泽，更易吸引消费者购买。鲜肉低氧气调大

包装（由高CO_2和N_2组成，可能含有2%～10%的O_2）可保鲜数周。自20世纪80年代高氧气调包装的红肉在英国市场成功开发以来，红肉高氧气调包装已在欧美市场普及，我国生产企业和研究部门应共同改进技术提高质量，加快该技术的市场推广。

（一）气调保鲜包装技术在生鲜肉中的应用

生鲜肉类气调保鲜包装可分为两类：一类是猪、羊、牛肉，其肉呈红色又称为红肉包装，要求既保持鲜肉红色色泽又能防腐保鲜；另一种鸡、鸭等家禽肉，可称为白肉包装，只要求防腐保鲜。红肉类的肉中含有鲜红色的氧合肌红蛋白，在高氧环境下可保持肉色鲜红，在缺氧环境下还原为淡紫色的肌红蛋白。传统式的真空包装红肉，由于缺氧导致肉呈淡紫色，会被消费者误认为不新鲜而影响销售。红肉气调保鲜包装的保护气体由O_2和CO_2组成，O_2的浓度需超过60%才能保持肉的红色色泽，CO_2的最低浓度不低于25%才能有效地抑制细菌的繁殖。各类红肉的肌红蛋白含量不同，肉的红色程度不相同，如牛肉比猪肉色泽深，因此不同红肉气调包装时氧的浓度需要调整，以取得最佳的保持色泽和防腐的效果。猪肉气调保鲜包装保护气体的组成通常为60%～70% O_2和40%～30% CO_2，0～4 ℃环境下货架期通常为7～10天。家禽肉气调保鲜包装目的是防腐，保护气体由CO_2和N_2组成，禽肉用50%～70% CO_2、50%～30% N_2的混合气体气调保鲜包装，在0～4 ℃环境下货架期约为14天。

（二）气调保鲜包装在熟肉制品的应用

熟肉食品气调保鲜包装除了对原料有较严格的要求外，食品烹调加工达到巴氏杀菌标准和保持时间很重要。例如，美国农业部熟牛肉包装的巴氏杀菌标准，要求食品的中心温度达到71 ℃并保持7.3 s。熟食品烹调后立即需要真空快速冷却然后分切成薄片后包装，如果这阶段的加工卫生条件差，如空气中有病原菌、刀具与操作人员消毒不足等，都会使食品再次受到污染，难以延长货架期。熟食品气调保鲜包装是依靠二氧化碳来抑制大多数需氧菌和真菌生长繁殖曲线的滞后期的，而一般来说二氧化碳的最有效抑制数很低(100~200 个/克),因此,熟食品包装前细菌污染数越少气调保鲜包装抑制效果越好,货架期越长。一般通过真空快速冷却,用20%~35% CO_2、75%~35% N_2的混合气体气调保鲜包装,在超市冷藏陈列柜的货架期可达40~60天。

采用气体保鲜包装的熟食品可以保持食品原有的味、形、色、营养及口感,通过透明的包装材料,熟食诱人的色彩、形状可清楚地呈现给消费者,激发消费者的购买欲望。

二、气调包装在新鲜果蔬中的应用

新鲜果蔬用塑料薄膜包装后,果蔬的呼吸活动消耗氧气并产生差不多等量的 CO_2,逐渐构成包装内与大气环境之间的气体浓度差,大气中的 O_2通过塑料薄膜渗入,补充呼吸作用消耗的 O_2;包装内由呼吸作用产生的多余 CO_2则渗出塑料薄膜扩散到大气中。开始时,包装内外的气体浓度差较小,渗入包装的 O_2不足以抵消消耗掉的 O_2,渗出的 CO_2小于产生的 CO_2。随着贮藏过程中包装内外气体浓度差的增加,气体渗透速度加快,但包装内 O_2消耗速度等于 O_2渗入速度,CO_2产生的速度等于渗出的速度,包装内的气体达到一个低氧和高二氧化碳(相对于空气)的气体平衡浓度。如果包装内的气体平衡浓度使果蔬仅产生维持生命活动所需要的最低能量的有氧呼吸,此时果蔬就置于最佳的气调贮存环境,可延缓成熟达到保鲜的目的。取得保鲜效果时最适宜的 O_2和 CO_2浓度与果蔬品种、特性及塑料薄膜透气性有关。

果蔬气调包装内气调的建立有主动气调和被动气调两种方式:① 主动气调。主动气调是人为地建立果蔬气调包装所需的最佳气调环境。果蔬放入包装袋后,抽出内部空气,再充入适合此种果蔬气调保鲜的低氧和高二氧化碳混合气体。② 被动气调。被动气调是利用果蔬呼吸作用消耗氧气,产生 CO_2逐渐构成低氧与高二氧化碳的气调环境,并通过塑料薄膜与大气之间的气体交换维持包装内的气调环境。

目前,超市中用塑料膜和浅盘或塑料袋包装果蔬,就属于被动气调包装。主动气调包装的优点是可根据果蔬呼吸特性充入适合的低氧和高二氧化碳混合气体，立即建立食品所需的气调环境，缺点是由于需要配气装置而增加包装成本。被动气调包装对果蔬呼吸与塑料薄膜透气性间的配合要求较高，建立最佳气调的时间缓慢，必须在果蔬不产生厌氧呼吸或过高的二氧化碳之前建立气调，才能起到保护作用，优点是包装成本低、操作简单。

三、新鲜海产品气调包装的应用

新鲜鱼、虾、贝类是所有新鲜食品中最容易腐败的。鱼与肉相比，鱼肉中酶的自溶作用更迅速，反应中酸较少而有利于微生物生长，所以也比肉易于腐败。

新鲜海产品特别容易腐败变质，而恰当地使用气调包装可大大延长新鲜海产品的货架寿命。新鲜海产品的气调包装混合气体组成有两种：一种是由 CO_2 与 N_2 组成；另一种是由 O_2、CO_2、N_2 组成。低脂肪海水鱼气调包装的混合气体由 O_2、CO_2、N_2 组成，其原因是 CO_2 对海水鱼中的嗜冷性厌氧菌没有抑制作用，而在有氧条件下可以减少或抑制厌氧菌的繁殖。但对于多脂肪海水鱼的气调包装时，氧会促使脂肪氧化酸中的 CO_2 被鱼肉吸收，会渗出鱼汁并带有酸味，所以 CO_2 浓度不能过高，一般不超过 70%。国外海产品在气调包装时一般在塑料盒底部放一层吸水衬垫，用于吸收渗出的鱼汁，保持销售时的良好外观。新鲜海产品包装后要求在 0 ~2 ℃较低的温度下贮藏、运输和销售，以降低其变质速度。据研究：40% CO_2、30% N_2、30% O_2 组成的混合气体适合用于白肉鱼的气调包装；40% ~60% CO_2 的和等量的 N_2 被推荐用于各种高脂鱼类的气调包装。最近，国内相继报道了不同鱼种的气调包装工艺，特别是对气体配比的研究。首先，通过对带鱼（中脂鱼）的气调包装研究发现，适宜的气体配比：60% CO_2、30% N_2、10% O_2。氧气的存在，虽然会加快脂肪的氧化，但却抑制了厌氧菌的繁殖生长，同时减少了氧化三甲胺分解生成三甲胺，总的效果优于无氧包装。对草鱼段气调包装的研究，得出其适宜的气体配比：50 % CO_2、10% O_2、40% N_2。气体体积与草鱼段重量之比为 2∶1 或 3∶1 时有较好的储藏效果。进一步研究发现，新鲜鱼制品的气调包装中高含量的CO_2，可能会导致包装塌瘪的现象。CO_2溶解后，鱼肉表面肌肉中的pH值会下降，造成蛋白质的持水能力下降、液汁流失及货架期的缩短。CO_2浓度大于或等于50%的气调包装可使新鲜青鱼块在冷藏温度下（2～4 ℃）储藏的货架期从原来的空气包装的6 d延长至12 d，并保持产品的良好质量；但75%的气调包装略微增加了青鱼块液汁流失量。

四、快餐和烘烤食品气调包装的应用

近年来随着人民生活水平的提高，快餐和烘烤食品已经走进人们的日常生活，但这类食品目前普遍存在着保鲜问题。快餐和烘烤食品腐败变质的主要因素有：细菌、酵母和霉菌引起的腐败变质；脂肪氧化酸败变质；淀粉分子结构变化的"老化"，使食品表皮干燥。采用气调包装可以抑制霉菌、酵母菌的繁殖，从而延长食品的储藏期。快餐和烘烤食品气调包装的混合气体由CO_2和N_2组成。因为CO_2对酵母菌没有抑制作用，可以通过加入适量的丙酸钙等添加剂抑制酵母菌，但最佳方法是食品加工过程保持卫生、避免细菌污染。对于淀粉分子结构变化使表皮干燥老化现象，可以通过在表皮上涂脂肪油来解决。混合气体中CO_2的浓度随食品水分含量或A_W而定，A_W高，各种细菌、霉菌易生长繁，所以CO_2浓度要高些，但CO_2浓度过高，会大量被水和脂肪吸收，造成食品带有酸味。表9-1是国外用于快餐和烘烤食品的气调包装实例。

表9-1 国外烘烤和快餐食品气调包装工艺

食品品种	混合气体配比	贮藏温度/℃	销售期/d
乳酪卷	$v(CO_2):v(N_2)=50:50$	5	21
比萨饼	$v(CO_2):v(N_2)=50:50$	5	21
丹麦糕点	$v(CO_2):v(N_2)=80:20$	5	20
面条	$v(CO_2):v(N_2)=80:20$	4	14
重油蛋糕	$v(CO_2):v(N_2)=80:20$	21	82

随着气调包保鲜包装技术的不断发展和完善，其优越的保鲜

功能和特点越来越明显地体现出来。应用气调包保鲜包装技术可调节不同比例的气体组合,以适应各种被包装物品的要求,延长被包产品的保鲜期,能真正保证食品果蔬的原汁、原味、原貌。特别适合于农副产品产地、农副产品配送中心、食品加工企业、超市生鲜农副产品加工间等场所使用,是今后食品果蔬保鲜技术的一个发展方向。

参考文献

[1] 韩虎子,杨红. 膜分离技术现状及其在食品行业的应用[J]. 食品与发酵科技,2012,48(5):23-26.

[2] 杨方威,冯叙桥,曹雪慧,等. 膜分离技术在食品工业中的应用及研究进展[J]. 食品科学,2014,35(11):330-338.

[3] 邱采奕. 超临界流体萃取技术及其在食品中的应用[J]. 科技经济导刊,2019,27(2):151-149.

[4] 苗笑雨,谷大海,程志斌,等. 超临界流体萃取技术及其在食品工业中的应用[J]. 食品研究与开发,2018,39(5):209-218.

[5] 孙久义. 我国膜分离技术综述[J]. 当代化工研究,2019(2):27-28.

[6] 黄惠华,王娟. 食品工业中的现代分离技术[M]. 北京:科学出版社,2014.

[7] 杨贞耐. 乳品生产新技术[M]. 北京:科学出版社,2015.

[8] 赵颖,王忠刚,朱芳. 超微粉碎技术的应用研究[J]. 广东饲料,2018,27(2)34-36.

[9] 王丽宏,张延,张宝彤,等. 超微粉碎技术的特点及应用概况[J]. 饲料博览,2013,10:13-16.

[10] 郭妍婷,黄雪,陈曼,等. 超微粉碎技术的应用研究进展[J]. 广东化工,2016,16:276-277.

[11] 王丽霞. 食品加工新技术[M]. 北京:化学工业出版社,2016.

[12] 高彦祥,杨文雄. 红茶汤动力学研究:超微粉碎工艺和温度对茶汤可溶性固形物成分萃取率的影响[J]. 食品科学,2005,26(7):50-52.

[13] 姚秋萍,马玉芳. 超微粉碎对油菜花粉多糖溶出率的影响[J]. 中兽医药杂志,2008,5:15 - 17.
[14] 高云中,张晖. 超微粉碎对花生蛋白提取及性质的影响[J]. 中国油脂,2009,4(34): 23 - 27.
[15] 潘思佚,王可新,刘强. 不同粒度超微粉碎米粉理化特性研究[J]. 中国粮油学报,2003,10:1 - 4.
[16] Martinz - Bustos F, Lopez - Soto M, San Martin - Martinez E et al. Effects of High Energy Milling on Some Functional Properties of Jieama Starch (Pachyrrhizus Erosus L. Urban) and Cassava Starch(Manihot esculenta Crantz)[J]. Joumal of Food Engineering, 2006(1):1 - 9.
[17] 哈益明. 现代食品辐照加工技术[M]. 北京:科学出版社,2015.
[18] 施培新. 食品辐照加工原理与技术[M]. 北京:中国农业科学技术出版社,2004.
[19] 汪勋清,哈益明. 食品辐照加工技术[M]. 北京:化学工业出版社,2005.
[20] 吴永宁. 现代食品安全科学[M]. 北京:化学工业出版社,2003.
[21] 张建新,陈宗道. 食品标准与法规[M]. 北京:中国轻工业出版社,2006.
[22] 陈荣溢. CAC 和部分国家地区辐照食品要求及标准[J]. 中国检验检疫,2009,2:41 - 42.
[23] 曾名湧. 食品保藏原理与技术[M]. 北京:化学工业出版社,2007.
[24] 徐宏青. 食品辐照的现状与展望[J]. 农技服务,2007,24(6):113 - 114.
[25] 付立新. 食品辐照加工技术的现状与展望[J]. 黑龙江农业科学,2005,2:49 - 51.
[26] 徐怀德,王云阳. 食品杀菌新技术[M]. 北京:科学技术出版

社,2005.

[27] 任迪峰. 现代食品加工技术[M]. 北京:中国农业科学技术出版社,2015.

[28] 许世闯,徐宝才,奚秀秀,等. 超高压技术及其在食品中的应用进展[J]. 河南工业大学学报(自然科学版),2016,37(5):111-117.

[29] 张晓,王永涛,李仁杰,等. 我国食品超高压技术的研究进展[J]. 中国食品学报,2015,15(5):157-165.

[30] 李向果. 浅谈食品化工中超高压技术的应用[J]. 食品安全导刊,2018(21):139.

[31] 孙美. 超高压技术在食品加工中的应用分析[J]. 食品安全导刊,2018(36):131.

[32] 安虹,谭炜. 超高压技术在食品加工中的研究进展[J]. 北方农业学报,2017,45(5):130-134.

[33] 李双,王成忠,唐晓璇. 超高压技术在食品工业中的应用研究进展[J]. 山东食品发酵,2014(4):11-14.

[34] 刘静,明哲. 食品工程原理[M]. 北京:中国计量出版社,2011.

[35] 侯真真. 食品工业中的微胶囊技术及应用[J]. 现代食品,2019(14):78-80.

[36] 杨小兰,袁娅,谭玉荣,等. 纳米微胶囊技术在功能食品中的应用研究进展[J]. 食品科学,2013,34(21):359-368.

[37] 孙书静. 食品无菌包装技术的发展概况[J]. 塑料包装,2015,25(3):13-15.

[38] 方卉. 食品无菌包装技术的开发与应用[J]. 产业与科技论坛,2015,14(5):41-42.

[39] 徐烜,李胤. 食品无菌包装技术研究进展[J]. 江苏调味副食品,2004(3):20-23.

[40] 周家春. 食品工业新技术[M]. 北京:化学工业出版社,2004.

[41] 宋洪波. 食品加工新技术[M]. 北京:科学出版社,2013.

[42] 章建浩. 食品包装技术[M]. 北京:中国轻工业出版社,2015.

[43] 刘士伟,王林山. 食品包装技术[M]. 北京:化学工业出版社,2016.
[44] 孙传范. 高新技术在食品加工中的应用[J]. 食品研究与开发,2010,31(8):203 - 207.
[45] 章建浩,秦芸桦,陈学兰,等. 超市生鲜猪肉高氧 MAP 气调保鲜包装研究[J]. 食品科学,2005(7):234 - 238.
[46] 翁丽萍,钟立人,戴志远. 国内外鱼和鱼制品的气调保鲜研究[J]. 食品与机械,2006(3):160 - 163.
[47] 李中华,王学辉. 含气调理食品加工新技术在舰艇远航食品中的应用[J]. 海军医学杂志,2007(4):330 - 332.
[48] 黄俊彦,韩春阳,姜浩. 气调保鲜包装技术的应用[J]. 包装工程,2007(1):44 - 48.
[49] 段续. 新型食品干燥技术及应用[M]. 北京:化学工业出版社,2018,11.
[50] 唐春红,陈敏新. 面向未来的食品加工技术[M]. 北京:中国农业科学技术出版社,2015.
[51] 刘鑫淼,宫晓晨,郎法亚. 数说食业 70 年[EB/OL]. (2019 - 09 - 30). http://www.cnfoodnet.com/content - 106 - 70965 - 1.html.
[52] 王瑞睿. 过热蒸汽加工对猪肉品质影响研究[D/OL]. 北京:中国农业科学院, 2019:4.
[53] 高阳. 金丝小枣太阳能干燥特性的实验研究[D/OL]. 河北:河北工业大学, 2016:5.
[54] 巩鹏飞. 超声真空干燥及应用研究[D/OL]. 北京:中国科学院大学,2017. http://kreader.cnki.net/Kreader/CatalogViewPage.aspx?dbCode = cdmd&filename = 1017122867.nh&tablename = CMFD201801&compose = &first = 1&uid = .
[55] 任丽影. 怀山药常压冷冻干燥质量衰退控制[D/OL]. 河南:河南科技大学,2015,6. http://kreader.cnki.net/Kreader/CatalogViewPage.aspx?dbCode = cdmd&filename = 1015902282.

nh&tablename = CMFD201601&compose = &first = 1&uid = .
[56] 卢义龙,王明力,李慧慧,等.喷雾干燥技术在食品工业中的应用现状[J].安徽农业科学,2015,43(11):276 - 278.